T0196118

essentials

Essentials liefern aktuelles Wissen in konzentrierter Form. Die Essenz dessen, worauf es als „State-of-the-Art" in der gegenwärtigen Fachdiskussion oder in der Praxis ankommt. *Essentials* informieren schnell, unkompliziert und verständlich

- als Einführung in ein aktuelles Thema aus Ihrem Fachgebiet
- als Einstieg in ein für Sie noch unbekanntes Themenfeld
- als Einblick, um zum Thema mitreden zu können

Die Bücher in elektronischer und gedruckter Form bringen das Fachwissen von Springerautor*innen kompakt zur Darstellung. Sie sind besonders für die Nutzung als eBook auf Tablet-PCs, eBook-Readern und Smartphones geeignet. *Essentials* sind Wissensbausteine aus den Wirtschafts-, Sozial- und Geisteswissenschaften, aus Technik und Naturwissenschaften sowie aus Medizin, Psychologie und Gesundheitsberufen. Von renommierten Autor*innen aller Springer-Verlagsmarken.

Wolfgang Vieweg

Nachhaltige Marktwirtschaft

Die Soziale Marktwirtschaft des 21. Jahrhunderts

2. Auflage

Wolfgang Vieweg
Bad Kreuznach, Deutschland

ISSN 2197-6708   ISSN 2197-6716   (electronic)
essentials
ISBN 978-3-658-44647-5   ISBN 978-3-658-44648-2   (eBook)
https://doi.org/10.1007/978-3-658-44648-2

Die Deutsche Nationalbibliothek verzeichnet diese Publikation in der Deutschen Nationalbiblio-
grafie; detaillierte bibliografische Daten sind im Internet über https://portal.dnb.de abrufbar.

Planung/Lektorat: Isabella Hanser
Springer Gabler ist ein Imprint der eingetragenen Gesellschaft Springer Fachmedien Wiesbaden
GmbH und ist ein Teil von Springer Nature.
Die Anschrift der Gesellschaft ist: Abraham-Lincoln-Str. 46, 65189 Wiesbaden, Germany

Das Papier dieses Produkts ist recycelbar.

Was Sie in diesem *essential* finden können

- Die Soziale Marktwirtschaft, das deutsche Wirtschafts- und Gesellschaftsmodell startete seine Erfolgsgeschichte 1948, vor nunmehr über 75 Jahren.
- sie ist aber durch das seit Anfang der 1970er-Jahre anwachsende ökologische Bewusstsein zu eng geworden und
- gibt unsere wirtschafts- und gesellschaftspolitische Wirklichkeit insofern nicht mehr adäquat wieder.
- Das *essential* stellt kompakt das Konzept der Sozialen Marktwirtschaft dar, zeigt auf, wie sich die Welt seither verändert hat und begründet,
- weshalb unser Wirtschafts- und Gesellschaftsmodell dringend von der Sozialen zu einer Nachhaltigen Marktwirtschaft weiterentwickelt werden muss, wenn wir dauerhaft unsere Lebensqualität bewahren wollen.
- Dabei spielt das Leitprinzip der Nachhaltigkeit eine fundamentale Rolle.
- Das *essential* beschreibt stark zusammengefasst die sich seit Anfang der 1990er-Jahre vollziehende globale Transformation, an der unsere deutsche Wirtschaft und Gesellschaft teilhaben.
- Zur Unterstützung dieser Transition braucht es eine Kultur der Nachhaltigkeit und dies wiederum benötigt ein neues erweitertes politisches Konzept mit einer neuen Begrifflichkeit und Dachmarke.

Vorwort

In dem vorliegenden *essential* geht es um etwas ganz Fundamentales. Es geht um nichts Geringeres als unser deutsches Wirtschafts- und Gesellschaftsmodell. Das hier bearbeitete Zeitthema ist äußerst vielgestaltig, hochdynamisch und lässt sich nur global angehen. Der besondere Wert dieses *essential* liegt darin, dass es versucht, eben diese Vielschichtigkeit und Komplexität auf wenige Seiten zusammenzudrängen, sodass man den Stoff vergleichsweise fix aufnehmen kann. Das vorliegende *essential* basiert auf meinem Buch „Nachhaltige Marktwirtschaft. Eine Erweiterung der Sozialen Marktwirtschaft". 2. aktualisierte Auflage, Wiesbaden 2019 (Springer Gabler), 1. Auflage erschienen 2017.

„Nachhaltige Marktwirtschaft" sollte als Überschrift für sich selbst stehen. Zur Beschwichtigung aber derjenigen, die immer noch an dem Begriff der „Sozialen Marktwirtschaft" kleben, für die, die nicht loslassen können, ist der Untertitel. Der Untertitel soll zudem klarstellen, dass es keineswegs darum geht, die Soziale Marktwirtschaft abzuschaffen, denn sie ist nicht gescheitert, aber die Zeit ist über sie hinweg gegangen. Sie ist im Laufe der letzten Jahrzehnte zu eng geworden, und bedarf der Erweiterung. Alles, was in der Sozialen Marktwirtschaft richtig und gut war, bleibt auch in der Nachhaltigen Marktwirtschaft richtig gut. Die Nachhaltige Marktwirtschaft umschließt die Soziale Marktwirtschaft. Insofern ist die „Nachhaltige Marktwirtschaft" eine Fortsetzung der Erfolgsgeschichte der Sozialen Marktwirtschaft… und steht durchaus in der Tradition und in der Kontinuität der Kerngedanken von Alfred Müller-Armack und Ludwig Erhard.

Allerdings muss ein zeitgemäßes, zukunftsfähiges Wirtschafts- und Gesellschaftsmodell über das Hier und Jetzt hinaus, auf eine menschenwürdige Fortexistenz
auch zukünftiger Generationen gerichtet sein.

Wolfgang Vieweg

Dank zur 1. Auflage

Herzlich bedanke ich mich beim Springer Verlag, insbesondere bei Dr. Isabella Hanser, Merle Schäfer und der Lektorin, Frau Karin Siepmann, die das *essential* letztlich in Szene gesetzt haben. Und Sabrina Vieweg, meiner Tochter, verdanke ich das Design der Abbildungen und die erste gnadenlose Korrektur. Natürlich schulde ich allen denjenigen an der Hochschule, allen Politikern und allen Freunden (m/w) Dank, mit denen ich mich immer wieder zu einer Nachhaltigen Marktwirtschaft intensiv habe austauschen können.

Bad Kreuznach   Wolfgang Vieweg
Mai 2019

Dank zur 2. Auflage

Seit der Erstauflage sind nun 4 Jahre ins Land gegangen. Das *essential* – gedruckt, als auch als *eBook* – hat eine erfreuliche Resonanz gefunden und das Thema hat weiter an Fahrt aufgenommen, sodass der Begriff der *Nachhaltigen Marktwirtschaft* eine zunehmend größere Chance hat, sich durchzusetzen. Es hat sich in den letzten Jahren in Sachen Nachhaltigkeitstransformation eine Menge getan, was auch eine Aktualisierung rechtfertigt.

Natürlich gilt mein Dank aus 2019 fort. Besonders danke ich erneut Frau Dr. Isabella Hanser vom Springer Verlag, die den Anstoß zum Update des *essential* gegeben und die die Überarbeitung mit Rat und Tat angenehm begleitet hat. In diesem Zusammenhang danke ich auch Carina Zimmermann für ihre Mitwirkung bei der sorgfältigen Durchsicht der Druckvorlage.

Bad Kreuznach   Wolfgang Vieweg
Oktober 2023

Inhaltsverzeichnis

Abkürzungsverzeichnis

ABC	Atomare, biologische und chemische (Waffen)
AktG	Aktiengesetz
AKW	Atomkraftwerk
ARC	Alliance of Religions and Conservation
BEHG	Brennstoffemissionshandelsgesetz
BEV	Battery Electric Vehicle
BM	Bundesministerium
BMEL	Bundesministerium für Ernährung und Landwirtschaft
BMF	Bundesministerium der Finanzen
BMI	Bundesministerium des Innern, für Bau und Heimat (19. WP), 20. WP: BM des Innern und für Heimat
BMU	Bundesministerium für Umwelt, Naturschutz und nukleare Sicherheit (19. WP), 20. WP: BMUV .... und Verbraucherschutz
BMVI	Bundesministerium für Verkehr und digitale Infrastruktur (19. WP), 20. WP: BM für Digitales und Verkehr
BMWi	Bundesministerium für Wirtschaft und Energie (19. WP), 20. WP: BMWK BM für Wirtschaft und Klimaschutz
BPT	Bundesparteitag (CDU)
BT	Deutscher Bundestag
BUND	Bund für Umwelt und Naturschutz Deutschland, Berlin
CBAM	EU Carbon Border Adjustment Mechanism
CBD	Convention on Biological Diversity
CDU	Christlich Demokratische Partei Deutschlands
CITES	Convention on International Trade in Endangered Species, s. WA 1973

COD	EU Co-decision Procedure, Ordentliches Gesetzgebungsverfahren
CO2, CO_2	Kohlendioxid
COP	Conferences of Parties
CORSIA	Carbon Offsetting and Reduction Scheme for International Aviation
CSR	Corporate Social Responsibility
CSR-RLUG	CSR-Richtlinien-Umsetzungsgesetz
CSU	Christlich-Soziale Union in Bayern
DAX	Deutscher Aktien Index
DCGK	Deutscher Corporate Governance Kodex
DJSI	Dow Jones Sustainability Index
DNK	Deutscher Nachhaltigkeitskodex
DNS	Deutsche Nachhaltigkeitsstrategie
DRS	Deutscher Reporting Standard
DRSC	Deutsches Reporting Standard Committee
Drs.	Drucksache
EC	European Commission
EEG	Erneuerbare-Energien-Gesetz
EFAS	European Federation of Financial Analysts Societies
EMAS	Eco-Management and Audit Scheme
EnWG	Energiewirtschaftsgesetz
EP	Europäisches Parlament
ERK	Expertenrat für Klimafragen
ESG	Environment Social Governance
EU	Europäische Union
Eurostat	Statistisches Amt der EU
EWKKennzV	Einwegkunststoffkennzeichnungsverordnung
EWKVerbotsV	Einwegkunststoffverbotsverordnung
FAZ	Frankfurter Allgemeine Zeitung
FCEV	Fuel Cell Electric Vehicle
FDP	Freie Demokratische Partei
FFF	Fridays for Future
GAU	Größter anzunehmender Unfall
GCN	Global Challenges Network, München
GEG	Gebäudeenergiegesetz
GG	Deutsches Grundgesetz
GRI	Global Reporting Initiative
HDI	Human Development Index

HEV	Hybrid Electric Vehicle
HGB	Handelsgesetzbuch
HPI	Happy Planet Index
HRH	Her/His Royal Highness
ICAO	International Civil Aviation Organization
IFEES	Islamic Declaration on Global Climate Change
IFRS	International Financial Reporting Standards
IIRC	International Integrated Reporting Council
ILO	International Labour Organization
IMO	International Maritim Organization
IÖW	Institut für ökologische Wirtschaftsforschung
IPBES	Intergovernmental Science-Policy Platform on Biodiversity and Ecosystem Services, UN Bonn
IRA	Inflation Reduction Act USA
ISO	International Standard Organization
IStGH	Internationaler Strafgerichtshof, Den Haag
KI	Künstliche Intelligenz
KMU	Kleine und mittelgroße Unternehmen
KOM/COM	Mitteilung der Europäischen Kommission
KSG	Klimaschutzgesetz
KU	KlimaUnion e. V.
LkSG	Lieferkettensorgfaltspflichtengesetz
LOHAS	Lifestyles of Health and Sustainability
LOVOS	Lifestyles of Voluntary Simplicity
MdB	Mitglied des Deutschen Bundestages
MDG	UN Millennium Development Goal
MSCI	Morgan Stanley Capital International
NABU	Naturschutzbund Deutschland, Berlin
NIP	Nationales Innovationsprogramm Wasserstoff- und Brennstoffzellentechnologie
NGO	Nichtregierungsorganisation
NOX, NO_X	Stickstoffoxide
NWI	Nationaler Wohlfahrtsindex des Bundesumweltamtes
NWS	Nationale Wasserstoffstrategie
OECD	Organisation for Economic Cooperation and Development
PBnE	Parlamentarischer Beirat für nachhaltige Entwicklung
p. c.	per capita, pro Kopf
PHEV	Plugin-Hybrid Electric Vehicle
PIK	Potsdam-Institut für Klimafolgenforschung

RENN	Regionale Netzstellen Nachhaltigkeitsstrategien
RNE	Rat für Nachhaltige Entwicklung
SBTi	Science Based Targets Initiative
SDG	UN Sustainability Development Goal
SPD	Sozialdemokratische Partei Deutschlands
SRzG	Stiftung für die Rechte zukünftiger Generationen
StA NHK	Staatsekretärsausschuss Nachhaltigkeit
StM	Staatsminister(in)
SUV	Sport Utility Vehicle
TZ	Textziffer
UN	United Nations/Vereinte Nationen
UNCHE	United Nations Conference on the Human Environment
UNGC	United Nations Global Compact
VerpackG	Verpackungsgesetz
WA	Washingtoner Artenschutzübereinkommen 1973, s. CITES
WBGU	Wissenschaftlicher Beirat der Bundesregierung Globale Umweltveränderungen
WCED	World Commission on Environment and Development
WP	Wahlperiode des Deutschen Bundestages
WWF	World Wildlife Fund for Nature
ZdJ	Zentralrat der Juden in Deutschland
ZERI	Zero Emissions Research and Initiatives
ZMD	Zentralrat der Muslime in Deutschland

Die Vorgeschichte und die nächsten 500 Mio. Jahre 1

Der *Club of Rome* wies 1972 mit großer Öffentlichkeitswirkung auf die Grenzen des Wachstums hin (Meadows et al. 1972) und die autofreien Sonntage Ende 1973 rüttelten die Menschen erneut auf. 1980 gründete sich dann die Partei DIE GRÜNEN. Der Leitgedanke grüner Politik ist die ökologische, ökonomische und soziale Nachhaltigkeit, der in der Folge immer mehr auch von den anderen großen deutschen Parteien – namentlich von CDU und SPD – aufgegriffen wurde. Spätestens nach dem Brundtland-Report 1987 und nach dem Nachhaltigkeits-Kick-Off auf dem UN-Gipfel über Umwelt und Entwicklung 1992 in Rio de Janeiro ist unser deutsches Wirtschafts- und Gesellschaftsmodell der Sozialen Marktwirtschaft zu eng geworden und bezeichnet die wirtschafts- und gesellschaftspolitische Wirklichkeit in unserem Land nicht mehr adäquat. Seit Rio befinden sich die Menschen in einer globalen Transformation von einer vor-nachhaltigen zu einer nachhaltigen Welt. Natürlich auch in Deutschland, das sich zunächst zur Agenda 21, dann zum Kyoto-Protokoll (1997, in Kraft 2005) und schließlich zur Agenda 2030 und zum Pariser Klimaschutzabkommen (beides aus 2015) verpflichtet hat. Unter dem G7-Vorsitz von Deutschland wurde 2022 der ‚Klimaclub' gegründet; hierbei handelt es sich um ein offenes klimaaußenpolitisches, multinationales Handelsabkommen zur Reduktion der globalen Erderwärmung. Dieser ‚Koalition der Willigen' ist Ende 2023 die Schweiz als 28. Land auf der UN-Klimakonferenz in Dubai (COP 28) formell beigetreten.

In unserem Land gelten aktuell die Deutsche Nachhaltigkeitsstrategie (2021, Grundsatzbeschluss DNS 2022) und das Klimaschutzgesetz von 2019 (novelliert 2021) mit dem Ziel bis 2045 klimaneutral zu werden. Schon im Februar 2008 wurde die NOW GmbH zur Koordination der Forschungsförderung im Bereich klimaneutraler Mobilität und zur Bündelung von Projekten im Nationalen Innovationsprogramm Wasserstoff- und Brennstoffzellentechnologie (NIP) gegründet. Unter der Überschrift Wasserstoffwirtschaft beschloss im Juni 2020 die damalige deutsche Bundesregierung die erste Nationale Wasserstoffstrategie; im Juli 2023 folgte dann die 1. Fortschreibung. Wie man sieht, hat sich gerade in Sachen Umwelt, Klima und Nachhaltigkeit in den letzten Jahrzehnten eine Menge getan. Die Ziele werden konkreter, die Roadmap für Wirtschaft und Gesellschaft steht.

Im Jahr 2007 formulierte ich in der Arbeitsgruppe „Wirtschaft" unseres Bad Kreuznacher Kreisverbandes einen Beitrag zum neuen Grundsatzprogramm der CDU Deutschlands. Es ging mir um die Erweiterung der Sozialen zur Nachhaltigen Marktwirtschaft. Bei dieser Arbeit merkte ich, dass andere bereits in die gleiche Richtung dachten. Als ich nach „Nachhaltige Marktwirtschaft" recherchierte fand ich einen Artikel von Michael Vassiliadis[1], eine Internetseite von Dietmar Helmer[2] und Michael von Hauff fragte auch schon 2007 in einem von ihm herausgegebenen Sammelband nach der Zukunftsfähigkeit der Sozialen Marktwirtschaft und in einem eigenen Beitrag skizzierte er bereits damals den Weg von der Sozialen zur Nachhaltigen Marktwirtschaft (v. Hauff 2007). Mein Antrag passierte Ende Oktober 2007 zwar den Sonderparteitag der CDU Rheinland-Pfalz, wurde dann aber von der Programmredaktion in Berlin nicht aufgegriffen. Nach dem gescheiterten Entwurf eines Grundsatzprogramms unter der Regie von Annegret Kramp-Karrenbauer 2020, das viel Nachhaltigkeit enthielt, arbeitet die CDU zurzeit erneut an einem Grundsatzprogramm, das bis zur Europawahl 2024 vorliegen soll.

In ihrem Leitantrag zum 25. Bundesparteitag (2012) verwendete die CDU erstmals – und bisher meines Wissens das einzige Mal – offiziell die Wortkombination „nachhaltige Marktwirtschaft". 2014/2015 nimmt sich die CDU als die Partei der Sozialen Marktwirtschaft vor, die Soziale Marktwirtschaft „verantwortungsvoll weiterzuentwickeln". Im Jahr 2015 legte die Kommission „Nachhaltig leben – Lebensqualität bewahren" unter der Leitung von Julia Klöckner[3] ihren Abschlussbericht vor (Klöckner 2015), der im Wesentlichen den Stoff für den Leitantrag des darauf folgenden (28.) Bundesparteitags der CDU im Dezember

---

[1] Von 2007 bis 2016 war Michael Vassiliadis Mitglied des Rates für Nachhaltige Entwicklung, seit 2009 ist er Vorsitzender der Industriegewerkschaft Bergbau, Chemie, Energie (IG BCE), seit 2011 ist er Mitglied der Ethikkommission für sichere Energieversorgung und u. a. ist er Präsident der Stiftung Neue Verantwortung.

[2] Siehe www.nachhaltige-marktwirtschaft.info.

[3] Julia Klöckner war 2018–2021 Bundesministerin für Landwirtschaft und Ernährung; sie propagierte eine nachhaltige Landwirtschaft.

2015 lieferte. Hier ging es viel um nachhaltiges Wirtschaften und um nachhaltigen Konsum; die CDU präferierte jedoch damals den fortentwickelten Begriff der „Ökologischen und Sozialen Marktwirtschaft". Wie Angela Merkel schon von Anfang ihrer Kanzlerschaft an bekannte sich auch die 19. Regierung (Merkel IV) im Koalitionsvertrag (zwischen CDU/CSU und SPD vom 12.03.2018) mehrfach zum Leitprinzip der Nachhaltigkeit, welches die Maxime für jedwedes Regierungsentscheiden und -handeln darstellt. Einige Monate später, im Juni 2018 wurden dann in einem Festakt „70 Jahre Soziale Marktwirtschaft" gefeiert. Der damalige Bundeswirtschaftsminister Peter Altmaier[4] gerierte sich gerne als Hüter der Sozialen Marktwirtschaft, obwohl er bis zum Ende seiner Amtszeit einiges in Richtung Nachhaltigkeitstransformation eingeleitet und damit faktisch auf den Weg zu einer Nachhaltigen Marktwirtschaft gebracht hat. Der Leitantrag „Wirtschaft für den Menschen – Soziale Marktwirtschaft im 21. Jahrhundert" zum 31. CDU-Bundesparteitag, der Anfang Dezember 2018 stattfand, enthielt zwar den fundamentalen Satz: „Die Soziale Marktwirtschaft kann nur erfolgreich sein, wenn sie nachhaltig ist", aber gleichwohl hält die CDU weiterhin an dem Traditions-Begriff der „Sozialen Marktwirtschaft" fest. Für die 20. Regierung (Scholz) sind laut Koalitionsvertrag auch die 17 Nachhaltigkeitsziele der UN Richtschnur ihrer Politik; man spricht in diesem Kontext von einer sozial-ökologischen Marktwirtschaft.

Deutschland ist Teil der globalen Transformation, aber man ringt noch um den passenden Oberbegriff, um eine neue politische Dachmarke. Dazu muss man sich allerdings von der Sozialen Marktwirtschaft erst einmal mit Dank und in Ehren verabschieden. Dieses Loslassen ist nur deshalb nötig, um zu einem neuen Konzept/Begriff übergehen zu können, bedeutet aber keineswegs, dass die Soziale Marktwirtschaft gescheitert sei und deswegen abgeschafft werden müsse. Es gilt vielmehr die Soziale Marktwirtschaft, die viele Jahrzehnte eine grandiose Erfolgsstory für die CDU, für Deutschland und auch darüber hinaus gewesen ist, um das Ökologische und um eine umfassende Nachhaltigkeitsethik zu erweitern.

Fachleute glauben, dass auf der Erde noch ca. 500 Mio. Jahre lang Menschen ähnlich wie heute leben können. Das ist eine Ewigkeit! Aber auch eine solche Ewigkeit kann schnell verspielt sein… Seit 200 Jahren industrialisieren wir unsere Wirtschaft und unser Leben und sind immerhin schon – voll globalisiert – bei Industrie 4.0 und KI angekommen. Wir machen uns heute schon – begründete – Gedanken, ob unsere natürlichen, nicht-regenerativen Rohstoffe auch noch die

---

[4] Peter Altmaier war 2018–2021 Bundesminister für Wirtschaft und Energie. Er war vorher von 2012 bis 2013 Bundesminister für Umwelt, Naturschutz und Reaktorsicherheit und von 2013 bis 2018 als Chef des Bundeskanzleramtes oberster Nachhaltigkeitskoordinator der Bundesregierung.

nächsten 200 Jahre ausreichen werden und wie wir die vielen Menschen, vielleicht 10–15 Mrd. Menschen, dann noch satt und menschenwürdig untergebracht und versorgt bekommen. Soweit das überhaupt in unserer Hand liegt, müssen wir etwas finden, das ähnlich einem Perpetuum mobile, das schon in Reinform theoretisch nicht möglich ist, extrem lange funktioniert, ohne hinfällig zu werden. Das kann uns nur gelingen, wenn uns die Natur zur Seite steht und uns mit ihren Reserven und Prozessen hilft. Es kommt nur etwas Kreislauf-Ähnliches infrage, was beinahe ewig läuft, ohne zu verschleißen, und das sich immer wieder regeneriert. Die erforderliche Energie sollte regenerativ direkt (z. B. Solar, Photovoltaik) oder indirekt (z. B. Wind, Wasser, Wellen) von der Sonne stammen. Es kämen noch Gezeiten-Kraftwerke in Betracht oder wir müssten das heiße Erdinnere (Geothermie) anzapfen, wobei die daraus entstehenden langzeitigen Folgen gegenwärtig (noch) nicht ganz klar sind. Atomenergie kommt indes wegen des Restrisikos und der nicht gelösten Probleme der Endlagerung der radioaktiven Atomabfälle nicht infrage. Sich nicht-wieder-bildende Rohstoffe sind nach Gebrauch konsequent zu recyceln, soweit das technisch und ökonomisch/sozial/ökologisch machbar ist.

Das alles klingt aus der engen Sicht unseres heutigen Lebens gewaltig, aber ich glaube, das ist nicht unmöglich. Allerdings verlangt dies von den Menschen eine große Disziplin… und da vermute ich das eigentliche Problem, welches uns unser Perpetuum mobile dann doch vereiteln könnte. 10 (und mehr) Mrd. Menschen müssen zu einer gemeinsamen Aufgabe im Sinne eines kollektiven, synergetischen Handelns zusammenfinden… und das über eine beinahe unendliche Anzahl von Generationen hinweg. – Schaffen wir das? Wir sollten es jedenfalls versuchen. Die Entwicklung in eine nachhaltige Welt hat längst begonnen. Auf diesem Pfad gilt es, beharrlich weiterzugehen. In uns reift das dafür nötige Bewusstsein, und davon ausgehend wandelt sich in unserer Außenwelt das Miteinander, unsere Kultur. Wir sind in der Verantwortung für die Gestaltung und Sicherung einer menschenwürdigen Zukunft auf unserem endlichen Heimatplaneten für die nächsten 500 Mio. Jahre-… auch wenn – wie gerade in letzter Zeit – immer wieder über eine planetare Aussiedlungsoption (z. B. zum Mond oder Mars) spekuliert wird, wobei solche Real-Spekulationen gerade unter dem Aspekt der Nachhaltigkeit nicht ganz unproblematisch sind. Egal wie, die Menschheit kommt an der Implementierung nachhaltiger Prozesse nicht vorbei. Wenn dies nicht gelingt, dann verlagern sich die Probleme – der Ressourcenausbeutung, der Emissionen, der Verschmutzung und Vermüllung, der Übernutzung der Böden sowie der Verringerung der Artenvielfalt – nur an andere Orte… Wenn etwas alternativlos ist, dann ist es die Nachhaltigkeit.

Die Soziale Marktwirtschaft 2

Das Wirtschafts- und Gesellschaftsmodell der Sozialen Marktwirtschaft, welches uns über viele Jahrzehnte gute Dienste geleistet hat, verbindet ‚*irenisch*‘[1] die Ökonomie mit dem Sozialen. Es geht – gemäß Alfred Müller-Armack[2] – um die Sozialgestaltung der Marktwirtschaft.

2.1 Die Industrialisierung

Von den Jägern und Sammlern, zu Ackerbau und Viehzucht. Sesshaftigkeit und Handel setzten ein. Kleine Handwerksbetriebe und die eine oder andere größere Manufaktur kamen hinzu. Diese recht moderate Entwicklung – mit einigen *Ups & Downs* – dauerte mehrere tausend Jahre an. In der 2. Hälfte des 18. Jahrhunderts begann die Industrialisierung und verstärkte sich in Folge der technischen Entwicklung (Dampfmaschine, Elektrifizierung, Telekommunikation und Logistik [Eisenbahn, Schifffahrt/Großsegler, Dampf- und Motorschiffe]) im 19. Jahrhundert. Die entstehenden Industriestandorte zogen viele arme und überwiegend schlecht ausgebildete Arbeitskräfte aus dem jeweiligen Umland an. Dies führte im Frühkapitalismus zu erheblichen sozialen Problemen, zu einer Verelendung

---

[1] Siehe unter Abschn. 2.3.

[2] Alfred Müller-Armack (1901–1978) war (neben Alexander Rüstow, Walter Eucken und Wilhelm Röpke) einer der geistigen Väter/Mitbegründer der Sozialen Marktwirtschaft. Von 1952 bis 1963 war er Abteilungsleiter und Staatssekretär im Bundeswirtschaftsministerium unter Bundeswirtschaftsminister Ludwig Erhard.

© Der/die Autor(en), exklusiv lizenziert an Springer Fachmedien Wiesbaden GmbH, ein Teil von Springer Nature 2024
W. Vieweg, *Nachhaltige Marktwirtschaft*, essentials,
https://doi.org/10.1007/978-3-658-44648-2_2

des Proletariats. Die Zustände in den Arbeits- und Armenhäusern waren erbärmlich (Kuczynski 1982). Die Arbeitsbedingungen waren zum großen Teil miserabel und die Menschen, die Familien waren stets von der Geisel der Arbeitslosigkeit bedroht. Lohnarbeiter und Handwerker begannen, sich zur Stärkung ihrer Position in Arbeitervereinen, Gewerkschaften und Parteien zusammenzuschließen. Der Arbeiterbewegung ging es um eine allgemeine Verbesserung der sozialen Lage und die Erlangung politischer Rechte. 1873–1896 war die Zeit der Großen Depression im damaligen Deutschen Reich. Um den immer wieder drohenden sozialen Unruhen, Streiks und Protesten entgegenzuwirken, begann Reichskanzler Otto von Bismarck[3] in den 1880er Jahren mit der Schaffung eines Sozialversicherungssystems (Krankenversicherung 1883, Unfallversicherung 1884, Invaliditäts- und Altersversicherung 1889; eine gesetzliche Arbeitslosenversicherung wurde erst 1927 eingeführt).

Nicht zuletzt unterstützt durch die fortschreitende Industrialisierung stieg die Weltbevölkerung rasant an (1800: 1 Mrd. Anstieg auf 8,02 Mrd. bis Februar 2023). Während meines Lebens (von 1949 bis dato) hat sich die Menschheit mehr als verdreifacht!

2.2   Die Wirtschaft und die Kriege des 20. Jahrhunderts

Die beiden Weltkriege, die viele Opfer (Tote, Verwundete/Invaliden) forderten und zerstörte Städte und eine stark zerstörte Infrastruktur hinterließen, zehrten die Bevölkerung, die Wirtschaft und die Staatskassen aus. Die materielle Not – nicht nur unter den Kriegswitwen und -waisen – war groß. Hinzu kamen Hunger, Krankheiten und Seuchen.

Ausgelöst durch die Finanzierung des 1. Weltkriegs und durch die anschließenden Reparationen (1914–1922) grassierte in Deutschland eine sich zunehmend verschärfende Entwertung der (Papier)Mark, die im Jahr 1923 nach Beginn der Ruhrbesetzung in eine Hyperinflation überging und erst mit der Einführung der Rentenmark im November 1923 (Währungsreform) und unter enormen materiellen Verlusten beendet werden konnte. Die Wirtschaft wurde zudem durch die Börsen-Crashs 1927 und 1929 und durch die dadurch ausgelöste Weltwirtschaftskrise Ende der 1920er Jahre und während der 1930er Jahre weiter gebeutelt.

---

[3] Fürst Otto von Bismarck (1815–1895) von 1871 bis 1890 erster Reichskanzler des Deutschen Reiches.

Die Opferzahlen des 2. Weltkriegs waren noch weitaus dramatischer als die des 1. Weltkriegs und lassen sich nur schätzen. Schätzungen von durch direkte Kriegseinwirkung Getöteten, von Opfern durch deutsche Massenverbrechen während des Krieges und von Opfern durch Folgen des Krieges reichen bis zu 80 Mio. Menschen. Vor allem deutsche Großstädte waren in ihrem Innenstadtbereich teilweise bis auf die Grundmauern niedergebombt. Die Infrastruktur (Versorgung [mit Strom/Gas/Wasser], Entsorgung, Verkehrswege [Straßen/Brücken/Tunnel, Wasserstraßen/Häfen und Flughäfen] und Telekommunikation) war nahezu völlig zerstört. Die Förderung von Kohle und Erzen sowie die Produktionsstätten waren außer Funktion, demontiert oder von Demontage bedroht. Nahrungsmittel, Kohle und Kleider waren wie schon im 1. Weltkrieg wegen der bestehenden Versorgungsengpässe rationiert ('Bezugsscheinwirtschaft'). Es blühten die Schwarzmärkte und der Tauschhandel. Außerdem strömten in den Nachkriegsjahren 14 Mio. Flüchtlinge und Vertriebene und ca. 10 Mio. Kriegsgefangene nach Deutschland. Trotz des allenthalben großen Leids und der großen Not, waren die Menschen froh, dass sie das Grauen überlebt hatten. Erst durch den Stopp der Demontagen und durch die Unterstützung der US-Amerikaner (Marshallplan) und letztlich durch die Währungsreform im Juli 1948 in den westlichen Besatzungszonen, und später in Berlin, begann sich dort die Lage der Menschen allmählich zu bessern. Ludwig Erhard[4] propagierte die Soziale Marktwirtschaft, der Wiederaufbau begann, … und die Menschen schöpften wieder Hoffnung. Schließlich versprach Erhard den Menschen „*Wohlstand für Alle*" (Erhard 1957).

2.3 Die Etablierung der Sozialen Marktwirtschaft

Ein Grundbaustein der Sozialen Marktwirtschaft ist die soziale Irenik, der auch bei der Formulierung einer Nachhaltigen Marktwirtschaft gefolgt wird. Müller-Armack bezeichnet die Soziale Marktwirtschaft als „irenische Formel"; auch die Nachhaltige Marktwirtschaft ist eine solche. Die Irenik versucht, friedvoll zunächst gegensätzliche Positionen zur Gemeinsamkeit eines Anliegens zusammenzuführen. Dabei geht es weniger um eine dialektische Synthese, die ggf. die Positionen unklar miteinander vermischt, als vielmehr um eine explizite (friedliche) Koexistenz dessen, was sich an und für sich trennt (Müller-Armack 1950, S. 421).

---

[4] Ludwig Erhard war der erste deutsche Bundesminister für Wirtschaft in der Regierung von Konrad Adenauer (1949–1963) und dann von 1963 bis 1966 Adenauers Nachfolger im Kanzleramt.

Müller-Armack intendiert mit seiner „irenischen Formel" der Sozialen Marktwirtschaft, „die Ideale der Gerechtigkeit, der Freiheit und des wirtschaftlichen
Wachstums in ein vernünftiges Gleichgewicht zu bringen" (Müller-Armack 1969,
S. 131). Zugleich erscheint sie als der Versuch, dem Gemeinwohl dienende Ziele
des öffentlichen Lebens auf der Basis einer stabilen Ordnung zu erreichen und
auftretende Zielkonflikte in der Wirtschaftspolitik auf friedlichem Wege zu lösen.

Schon während der Kriegsjahre haben sich deutsche Wirtschaftswissenschaft-
ler intensiv darüber Gedanken gemacht, wie man nach Ende des Krieges von
der herrschenden Zwangs- und Kommandowirtschaft zu einer zivilen Wirtschaft
zurückkehren kann, die zum Wiederaufbau motiviert und die die entsprechenden Kräfte freisetzt. Dazu galt es natürlich die Rolle des Staates und die des
Marktes neu zu definieren. Müller-Armack prägte den Begriff der Sozialen
Marktwirtschaft. Er verwendete ihn erstmals 1946 in seinem Buch „Wirtschaftslenkung und Marktwirtschaft" (Müller-Armack 1990, S. 65 ff.). Die Wirtschaft,
die Müller-Armack vorschwebte, *„soll … keine sich selbst überlassene, libe-
rale Marktwirtschaft, sondern eine bewusst gesteuerte, und zwar sozial gesteuerte
Marktwirtschaft sein"* (Müller-Armack 1990, S. 96). Eine größere Verbreitung
fand der Begriff erst durch Ludwig Erhard, der die Soziale Marktwirtschaft zur
Grundlage seiner Wirtschaftspolitik machte und – ausführlich – in die „Düsseldorfer Leitsätze" (CDU 15.07.1949), das Programm der CDU zur Wahl des ersten
deutschen Bundestages im August 1949, einbrachte.

Die Zielsetzung des neu definierten Wirtschafts- und Gesellschaftsmodells
bestand in

- der ‚Vollendung' der Arbeiterbewegung,
  - einer Versöhnung der Kapitalisten mit den Proletariern
  - Fortsetzung der sozialen Gerechtigkeit und sozialen Absicherung
  - einer verbesserten Macht-Balance: Betriebsverfassung und Mitbestimmung
- der Errichtung einer Freiheitlichen Grundordnung für Wirtschaft und Gesellschaft,
- der Chance eines kraftvollen, weil freiheitlich motivierten Neustarts
  - durch eine wirtschaftsideologische Grundlage für den Wiederaufbau.

Die Rezeption der ‚Sozialen Marktwirtschaft' durch die anderen Parteien des
deutschen Bundestages war zögerlich. Aber seit den 1990er Jahren ist die ‚Soziale Marktwirtschaft' ein *terminus technicus* der Politik und erfreut sich eines
überparteilichen Konsenses.

Die Entwicklung der Sozialen Marktwirtschaft 1970–2018

3

3.1 Die Erfolgsstory

Natürlich wollten die Menschen in Deutschland nach dem Krieg ihr zerstörtes Land möglichst rasch wieder aufbauen und schnellstmöglich wieder zu einem annehmbaren Alltag zurückfinden. Die Soziale Marktwirtschaft befeuerte dieses Engagement und die Tüchtigkeit der Menschen und führte in den 1950er Jahren zu einem kaum fassbaren Wirtschaftswunder in unserem Land. Die Soziale Marktwirtschaft wurde zu einer grandiosen Erfolgsstory für die CDU, für Deutschland und über unser Land hinaus (Reheis 2019, S. 256 ff.). Die Soziale Marktwirtschaft ist Teil des Markenkerns der CDU geworden… und deswegen zögert die CDU auch heute noch, von der Sozialen zu einer erweiterten Nachhaltigen Marktwirtschaft überzugehen.

Als kluger Unternehmer weiß man aber: der Erfolg von gestern und heute ist oft das gravierendste Hemmnis für den Erfolg in der Zukunft. Im vorliegenden Fall ist politischer Mut gefragt. Es gilt, ein breites adäquates öffentliches Bewusstsein zu schaffen, und es ist eine der vornehmsten Aufgaben der Politik, den Menschen/Wählern die (komplexen) Zusammenhänge ihrer Lebensumstände zu erklären und sie auf die absehbare Zukunft angemessen vorzubereiten.

3.2 Die Grenzen des Wachstums und die Ölpreiskrise

Der ‚Nachkriegsboom' hielt in Deutschland im Grunde bis Anfang der 1970er Jahre (Ausnahme: 1967) an. Ende der 1960er Jahre ließ die Investitionstätigkeit (Nachholeffekt) nach. 1972 hat der *Club of Rome* in einem Bericht auf die Grenzen des Wachstums hingewiesen. Die Bäume wachsen eben nicht in den Himmel.

© Der/die Autor(en), exklusiv lizenziert an Springer Fachmedien Wiesbaden GmbH, ein Teil von Springer Nature 2024
W. Vieweg, *Nachhaltige Marktwirtschaft*, essentials,
https://doi.org/10.1007/978-3-658-44648-2_3

Ausgelöst durch den arabisch-israelischen Jom-Kippur-Krieg im Oktober 1973 (Ölpreisschock) wurden im November und Dezember 1973 in Deutschland vier autofreie Sonntage angewiesen, was den Umweltgedanken bei der Bevölkerung enorm förderte.

3.3   Die Grüne Bewegung

Die Anfänge der Umweltbewegung reichen bis ins 19. Jahrhundert zurück. 1864 wurde der Yosemite-Nationalpark in Kalifornien als erstes Umweltschutzgebiet der Welt eingerichtet. 1970 fanden die ersten europaweiten Umweltaktionen statt. Die Umweltbewegung setzt sich aus Nicht-Regierungsorganisationen (NGOs, wie z. B. NABU, BUND, Greenpeace), (alternativen) Bürgerinitiativen und (spontanen) Aktionsbündnissen zusammen. Es geht ihnen um ein einträchtiges Miteinander von Mensch und Natur und wuchs sich in den 1980er und Folgejahren zu einer kulturellen Massenbewegung aus (Hippies, Ökos, LOHAS und LOVOS). 1980 – gespeist aus der Anti-Atomkraft- und Friedensbewegung – gründete sich in Deutschland die Partei DIE GRÜNEN, die 1983 erstmals in den deutschen Bundestag einzog. In der Wendezeit 1990/1991 entstand das Bündnis 90, das sich 1993 mit den bundesdeutschen Grünen zur Partei Bündnis 90/DIE GRÜNEN zusammenschloss. Auch die CDU und die SPD haben im Laufe der 1990er Jahre vermehrt grünes Gedankengut und den Leitgedanken der Nachhaltigkeit in ihre politischen Programme aufgenommen.

Die Nachhaltigkeit

4

Seit dem Rio-Gipfel (1992) hat sich der Begriff der ‚Nachhaltigkeit' überall etabliert. Leider wird der Begriff, der stark inflationiert, nicht nur umgangssprachlich, sondern nicht selten auch fachsprachlich falsch gebraucht. Mit der Geschichte und der Bedeutung des Begriffs „Nachhaltigkeit" hat sich intensiv Ulrich Grober (Grober 2010) befasst. Nachhaltigkeit, obwohl das allgemein anerkannte Leitprinzip jedweden Regierungsentscheidens und -handelns, bedarf auch heute noch immer wieder einer klarstellenden Erläuterung, ein Zeichen dafür, dass der Begriff immer noch nicht überall angekommen ist.

4.1 Die Definition von ‚Nachhaltigkeit'

Der Rohstoff Holz, weil in der Natur verfügbar und zugleich ein nachwachsender Rohstoff, wurde von Menschen seit alters her viel gebraucht (als Baustoff, zum Schiffsbau, als Grubenholz, als Energieträger/Brennmaterial, zur Herstellung von Geräten, Möbeln etc.) und wurde deshalb auch immer wieder mal bedrohlich knapp. Holz bedurfte der rationalen Bewirtschaftung und deswegen ist es naheliegend, dass der Begriff „Nachhaltigkeit" aus der Forstwirtschaft stammt. Die erstmalige Verwendung des Begriffs „nachhaltend" wird dem Churfürstlichen Sächsischen Cammer Rath und Ober-Berg-Hauptmann Hannß Carl von Carlowitz (1645–1714) zugeschrieben. 1713 empfiehlt er ob des akuten Holzmangels in seinem Hauptwerk (sinngemäß), dass in einem Zeitraum nie mehr Bäume geerntet/gefällt werden dürften, als im gleichen Zeitraum wieder nachwachsen können (v. Carlowitz 1713, S. 105 f.).

© Der/die Autor(en), exklusiv lizenziert an Springer Fachmedien Wiesbaden 11
GmbH, ein Teil von Springer Nature 2024
W. Vieweg, *Nachhaltige Marktwirtschaft*, essentials,
https://doi.org/10.1007/978-3-658-44648-2_4

Generalisiert, indes voll kompatibel zu diesem Ansatz ist die Formulierung, die die WCED[1] 1987 in ihrem Report *Our Common Future* (Brundtland-Report) gewählt hat (United Nations 1987a, S. 24, Ziff. 1):

> „Humanity has the ability to make development sustainable to ensure that it meets the needs of the present without compromising the ability of future generations to meet their own needs."

Eine so verstandene „nachhaltige Entwicklung" erklärt die UN im gleichen Jahr zu einem

> „central guiding principle of the United Nations, Governments and private institutions, organizations and enterprises,..." (United Nations 1987b).

Die vorgenannten UN-Dokumente waren die Hauptdokumente für den UN-Weltgipfel zur Nachhaltigen Entwicklung 1992 in Rio de Janeiro.

4.2   Was ist Nachhaltigkeit?

Bei der Nachhaltigkeit geht es ganz grundsätzlich um das Phänomen Zeit (Jackson 2011, S. 202), um die verfügbaren Zeiträume. Es geht stets um die Frage: Wie lange braucht die Natur, um sich wieder zu regenerieren, um anthropogene Eingriffe (Ressourcenverbrauch) und Belastungen (Emissionen) wieder auszugleichen?

Nachhaltigkeit ist zu einem viel gebrauchten, zu einem schillernden Begriff geworden. Auch die häufig vorgefundenen Grafiken (3-Säulen-Diagramm, Venn-Diagramme, Nachhaltigkeits-Dreieck/*Triangle*; s. Abb. 4.1), die Nachhaltigkeit verdeutlichen wollen, sind nicht offensichtlich konsistent mit der Brundtland-Definition und von daher nur mit gewisser Vorsicht anzuwenden.

Insbesondere bleibt die Frage unbeantwortet, wie das 3-Säulen-Diagramm der Nachhaltigkeit mit dem in der Brundtland-Definition formulierten Generationenschutz konsistent zusammenhängt. Ich unterscheide Nachhaltigkeit I, II und III (Vieweg 2019, S. 24–39). Andere Autoren sprechen von starker, ausgewogener und schwacher Nachhaltigkeit oder von Nachhaltigkeit im engeren und im weiteren Sinne. Wenn es das Ziel ist, auf unserem endlichen Planeten auf

---

[1] WCED World Commission on Environment and Development, eingerichtet 1983 von der UN-Generalversammlung; auch nach ihrer Vorsitzenden ‚Brundtland-Kommission' (Gro Harlem Brundtland, ehemalige norwegische Ministerpräsidentin) genannt.

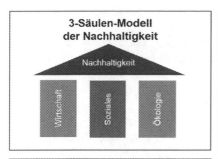

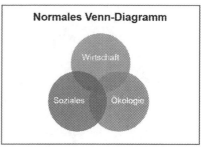

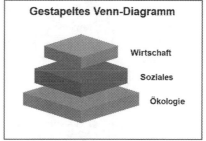

Abb. 4.1 Grafiken zur Darstellung der Nachhaltigkeit

Dauer – streng genommen *ad infinitum* – für die Spezies Mensch – global – ein menschenwürdiges Dasein sicherzustellen, dann kommen nur die Definitionen von v. Carlowitz, von der Brundtland-Kommission, die Nachhaltigkeit I, die ‚starke' Nachhaltigkeit bzw. die Nachhaltigkeit i. e. S. in Betracht, obschon diese Begriffe auch nicht voll kongruent zueinander sind. Alle Bemühungen in Sachen Nachhaltigkeit konzentrieren sich auf die ‚Nachhaltigkeit I' im Sinne der Brundtland-Definition 1987 (i. S. d. Generationengerechtigkeit).

Unter Nachhaltigkeit I verstehe ich ein (stabiles) Fließgleichgewicht, bei dem sich der Ressourcenverbrauch und kompensierendes, regeneratives Wachstum in etwa die Waage halten und zudem die emittierten Schadstoffe und der ausgebrachte Abfall – möglichst auf natürliche Weise – im Laufe der Zeit wieder in unschädliche Stoffe rückverwandelt werden. Mensch und Nachhaltigkeit sind Entitäten, die interagieren. Nachhaltigkeit ist aus der Sicht des Menschen und seiner Lebensbedingungen eine *conditio sine qua non.* Wie gesagt: Wenn überhaupt etwas für den Menschen alternativlos ist, dann ist es die Nachhaltigkeit. Nachhaltigkeit ist insofern ein Prinzip, welches das dauerhafte (Über-)Leben der Menschheit auf dieser unserer Erde ermöglicht. Ein Prinzip in diesem Sinne ist ein übergeordnetes (Natur-)Gesetz, aus dem sich andere Gesetzmäßigkeiten herleiten lassen. Dies sind zum einen Regeln, die – auf der Axiomatik basierend – der formalen, unverrückbaren Logik genügen, und zum anderen handelt es sich um Regeln, die durch hinreichend viele Beobachtungen/Messungen empirisch abgesichert und sodann induktiv zu einer Art Naturgesetz aggregiert worden sind. Solche Prinzipien findet man in der Mathematik wie auch in den Naturwissenschaften (Vieweg 2019, S. 44).

Mit dem Nachhaltigkeitsprinzip im Zusammenhang stehende Gesetze sind das Endlichkeitsgesetz (Vieweg 2019, S. 54) und das Entropiegesetz (Vieweg 2019, S. 55). Wir Menschen sind auf unseren endlichen Planeten begrenzt, das ändert sich auch nicht grundsätzlich, wenn wir in unsere Betrachtungen den Mond und/oder den Mars mit einbeziehen. Unsere endlichen Ressourcen werden bei fortschreitendem Verbrauch irgendwann aufgebraucht sein und die Senken, in die wir zurzeit unsere Emissionen, Schadstoffe und unseren Müll eintragen, werden irgendwann nicht mehr bereit sein, weitere Schadstoffe und weiteren Abfall aufzunehmen. Ganz simpel: Leer ist leer. Und: voll ist voll!

Der 2. Hauptsatz der Thermodynamik besagt, dass die Entropie in einem abgeschlossenen System nur zunehmen kann. Anfang der 1970er Jahre veröffentlichte Nicholas Georgescu-Roegen (1906–1994) sein Hauptwerk *„The Entropy Law and the Economic Process"* (Georgescu-Roegen 1971). 1986 verfasste er hierzu eine komprimierte Rückschau, die es dann ein Jahr später auch in einer deutschen Übersetzung gab (Georgescu-Roegen 1987). Georgescu-Roegen gilt als einer der Gründer der Ökologischen Ökonomie. Ausgehend vom Entropiegesetz der Physik[2] zeigte er, dass durch das Wirtschaften (zunächst) verfügbare Stoffe/Ressourcen und Energien in nicht-mehr-verfügbare Stoffe und Energie überführt werden und so die Entropie der Wirtschaftssysteme und der Welt insgesamt – dem Entropiegesetz folgend – beständig zunimmt. Entropie ist ein Maß für den Grad an materieller Verteilung, Verdünnung und Durchmischung und für entstandene nicht (mehr) nutzbare Energie (z. B. Abwärme); mithin ist Entropie ein Indikator für (Nicht-)Nachhaltigkeit (Jakl 2016, S. 4). Nachhaltig ist alles, was den Klimawandel verlangsamt und uns besser auf die (sozialen, wirtschaftlichen und ökologischen) Folgen des Wandels vorbereitet (Sietz 2016, S. 10).

Nach dem Motto: *„Ein bisschen Schwund ist immer!"* bedeutet das Entropiegesetz in der Praxis, dass die technischen/energetischen Wirkungsgrade nie die 100 % erreichen können... und dass Kreislaufsysteme nicht zu idealen,

---

[2] Wäre zurzeit von Georgescu-Roegen das Phänomen/der Begriff der ‚Nachhaltigkeit' schon geläufiger gewesen, dann hätte er sicher auch die Brücke von der Entropie zur Nachhaltigkeit geschlagen..., so wie dies ihm nachfolgende Autoren taten.

alle Ausgangsstoffe wieder vollkommen recycelnden Prozessen werden. Es ist unser Schicksal, dass sich immer nur angenähert Kreisprozesse realisieren lassen (Reheis 2019, S. 118 ff.). Gleichwohl ist alles darauf zu richten, möglichst ideal die zuvor definierte Nachhaltigkeit I (i. S. d. Brundtland-Definition) zu realisieren.

Im Grunde lässt sich allerdings kein Prinzip – auch nicht das Prinzip der Nachhaltigkeit – direkt messen, denn ein Prinzip kann nur (digital) entweder erfüllt sein oder es ist nicht erfüllt. *0 oder 1.* Aber man kann mit Einschränkungen die (fortschreitende) Entwicklung zu einer nachhaltigen Welt messbar nachvollziehen, indem man bestimmte messbare Aspekte einer solchen (globalen, nationalen, lokalen) Entwicklung definiert, misst und dokumentiert. Das hat zu verschiedenen, sehr komplizierten Zielsystemen (z. B. MDGs[3] und SDGs[4]) und Indizes (z. B. HDI *Human Development Index,* HPI *Happy Planet Index* seit 2006 sowie den *World Happiness Report,* erstmals 2012) geführt, deren Veränderungen nun seit Jahren weltweit erfasst, analysiert, berichtet und gerankt werden. Es gibt eine Vielzahl von Berichten von internationalen (z. B. UN) und nationalen Institutionen (z. B. Indikatorenbericht 2022 des Statistischen Bundesamts (DESTATIS 2023) und der NWI[5] 2.0 des Deutschen Bundesumweltamtes).

Als ein recht anschauliches Maß zur anthropogenen Beanspruchung unserer Lebensgrundlagen gilt auch der „Ökologische Fußabdruck". Er wurde 1994 von Mathias Wackernagelund William Rees ,erfunden'. Der Ökologische Fußabdruck eines einzelnen Menschen, einer Organisation, einer Stadt, eines Landes, der ganzen Welt bringt zum Ausdruck, wie viele „Globale Hektar" für die jeweils betrachtete Entität (bezogen auf ein Jahr) gebraucht werden, um unter den heutigen Produktionsverhältnissen deren Lebensstandard auf Dauer beibehalten zu können. Wie viele Erden brauchten wir bei dem Beibehalt heutiger Lebens- und Produktionsweisen? Ab welchem Tag leben wir ökologisch auf Pump, d. h. über unsere Verhältnisse? („Earth Overshoot Day", auch „Ökoschuldentag" oder „Welterschöpfungstag") Leider wandert dieser markante Tag (2023: 2. 8.) von Jahr zu Jahr im Kalender immer weiter nach vorne; lediglich in der Corona-Zeit war dies leicht rückläufig. Da die zur Berechnung des Ökologischen Fußabdrucks benötigten Daten von den Statistikern der Vereinten Nationen seit 1961 (mehr oder weniger vollständig und präzise) erfasst worden sind, kann man unschwer erkennen, dass die Menschheit gegen Ende der 1970er Jahre begonnen hat, vom

---

[3] MDGs UN-Millennium Development Goals (8 Ziele) 2000–2015. S. Vieweg 2019, S. 73 ff.

[4] SDGs UN-Sustainability Development Goals (17 Ziele mit 169 Unterzielen), Agenda 2030 für nachhaltige Entwicklung, 2015–2030.

[5] NWI Nationaler Wohlfahrtsindex des Bundesumweltamtes, überarbeitet (2.0), erstmals seit 2016.

Eingemachten, von der Substanz und eben nicht mehr nachhaltig von den Zinsen zu leben (Wackernagel 2007).

Manfred Sietz unterscheidet einen CO_2-Fußabdruck und einen Wärmefußabdruck, wobei er speziell letzteren als ein Maß für die Nachhaltigkeitsleistung auffasst (Sietz 2016, 10 f.). Außerdem ist in ähnlichem Sinne auch der Begriff des „Ökologischen Rucksacks" in Gebrauch.

Für das Reporten nichtfinanzieller Sachverhalte hat sich in den letzten Jahren auch ein internationaler Standard der GRI *(Global Reporting Initiative)* herausgebildet, der seit dem Geschäftsjahr 2017 in seiner 4. Version auch EU-weit für große kapitalmarktorientierte Unternehmen obligatorisch, d. h. Teil des Jahresreporting, ist.

Die Vielzahl verschiedener Ziele, Unterziele und (Berichts-)Indikatoren macht es erforderlich, auf die Wesentlichkeit *(Materality)* der Einzelziele zu achten. Was ist für die Absicherung einer menschenwürdigen Existenz des Menschengeschlechts auf dieser unserer endlichen Erde unabdingbar? Dies hat auch die GRI und das deutsche DRSC (Deutsches Reporting Standard Committee) erkannt. Die Transparenz und Verständlichkeit steigen, wenn man sich auf das Wesentliche konzentriert. Unerlässlich für die Schaffung einer nachhaltigen Welt ist das Einhalten der (11, davon 9 quantifiziert) Planetary Boundaries, die im Jahr 2009 von Johan Rockström und seinen 28 Co-Autoren herausgearbeitet worden sind (Rockström et al. 2009, S. 9). Leider war die Mehrheit dieser relevanten Grenzwerte bereits in 2009 überschritten. In 2014 hat dann der WBGU (Wissenschaftliche Beirat der Bundesregierung Globale Umweltveränderungen) sein ‚Leitplanken-Konzept' (mit 6 Leitplanken) vorgelegt und die seiner Analyse nach Haupthandlungsfelder aufgezeigt. Diese vordringlichen Problem- und Handlungsfelder sind seitens der Wissenschaft weiter zu präzisieren und im Rahmen der Nachhaltigkeitsberichterstattung für obligatorisch zu erklären und – wegen ihrer Wesentlichkeit – besonders hervorgehoben in den betreffenden Berichten auszuweisen.

4.3   Was ist Nachhaltigkeit nicht?

Die häufig, immer wieder gerne gebrauchten Wortkombinationen ‚nachhaltige Entwicklung' (Vieweg 2019, S. 91 ff.), ‚nachhaltiges Wachstum' (Vieweg 2019, S. 94 ff.) sind fehlleitende Euphemismen (wie Null-Wachstum, negatives Wachstum)… und ‚entkoppeltes Wachstum' (Vieweg 2019, S. 96) bleibt eine Illusion, denn Wachstum ohne Ressourcenverbrauch und ohne Emissionen ist zwar wünschenswert, aber nur möglich, wenn man es nicht so genau nimmt. Stoff- und

Energie-Kreisläufe sind in der realen Physik nie ideal (Vieweg 2019, S. 66 f.), ein bisschen Schwund bleibt eben immer (s. o.). Das Entropiegesetz lässt sich nicht austricksen, auch wenn die Menschheit 100 % auf regenerative Energien umstellt.

Nachhaltigkeit ist keine Strategie und kein Ziel (Vieweg 2019, S. 96 ff.), denn Strategien und Ziele sind Menschenwerk und in letzter Konsequenz unverbindlich. Wenn ein Ziel nicht erreicht wird, kann man sich jederzeit ein anderes ausdenken und dann diesem folgen. Nachhaltigkeit ist auch kein Imperativ (Vieweg 2019, S. 98 f.). Bei einem Imperativ bleiben – trotz aller Nachdrücklichkeit der Vorgabe – Verhaltensspielräume und Wirkalternativen. Einen Imperativ kann man überhören, man kann ihn ignorieren und man kann sich ihm widersetzen. Nachhaltigkeit lässt dies alles nicht zu: Nachhaltigkeit bleibt Nachhaltigkeit, auch wenn man sie überhört, sie versucht zu ignorieren bzw. sich ihr widersetzt. Ein Basta-Begriff (Vieweg 2019, S. 98).

Obschon die Begriffe Nachhaltigkeit und Resilienz in die gleiche Richtung weisen – Resilienz wird als Erfordernis für eine nachhaltige Entwicklung gesehen (Wellensiek und Galuska 2014, S. 177–183) –, passen sie aber doch nicht ganz zusammen, denn Nachhaltigkeit hat weniger etwas mit robustem Standhalten zu tun als vielmehr mit dem Fortbestand eines Systems durch Regeneration, eher im Sinne von Autopoiese, die die Fähigkeit lebender und sozialer Systeme bezeichnet, sich selbst erhalten, wandeln und erneuern/reproduzieren zu können (Simon 2009, S. 23–28).

Trotz aller Robustheit unserer Erde ist sie doch auch recht verletzlich. Die existenzgefährdenden Einwirkungen auf unseren endlichen Planeten sind in der Tat vielfältig. Aber Mutter Erde *(Gaia)* ist – Gott sei Dank! – überaus resilient. Bisher ist es immer noch einigermaßen gut gegangen, sonst wären wir nicht mehr hier... Die betroffenen Weltregionen erholen und regenerieren sich, wenn auch über sehr lange Zeit, manchmal jedoch auch erstaunlich schnell, von Kriegen, ohne und mit Einsatz von ABC-Waffen (Atombomben, Agent Orange, Giftgaseinsätze), AKW-GAUs (Tschernobyl, Fukushima), das Entflammen der Gasfackeln in Kuwait und im Irak, Wal-, Delphin- und Robbenmassakern, Haifischflossen-Irrsinn, Schildkröten-Gourmet-Wahn, Wilderei gegen Elefanten (Elfenbein), Nashörner (Horn als vermeintliches Potenzmittel), Öko-Unfälle wie *Exxon Valdez* (1989) und *Deepwater Horizon* (2010) – die Liste ist lang und beileibe nicht vollständig. Hinzu kommen noch zahllose weitere massive Vergehen gegen die Umwelt (Ökozid, s. Abschn. 6.4), begangen aus Gier, aus Unachtsamkeit, Unwissenheit, Rücksichtslosigkeit, Missachtung... aber auch ausgelöst durch sogenannte Höhere Gewalt. Wenngleich einige Naturkatastrophen auch durch lange, schwer zu durchschauende Kausalketten vom Wirken des Menschen (anthropogen) zumindest ausgelöst sein können, existiert obendrein immer noch ein nicht-anthropogenes Restrisiko. Der Mensch ist in solchen Situationen der Natur schlicht ausgeliefert. *Die Natur hat zwar keine Stimme, aber gleichwohl das Sagen!*

Auch wenn das Leitprinzip der Nachhaltigkeit alternativlos ist und einen naturgesetzlichen Charakter besitzt, dem sich der Mensch nicht entziehen kann, ist Nachhaltigkeit eben kein Naturgesetz, das auch wie die (richtigen) Naturgesetze objektiv, d. h. unabhängig vom Menschen, gilt. Die Natur regelt ihre Angelegenheiten autonom, sie ist auf den Menschen nicht angewiesen. Wenn sich die Lebensgrundlagen einer Art über ein bestimmtes Maß hinaus verändern, dann ändert sich – ganz unsentimental, den Naturgesetzen folgend – auch irgendwann die Art... und im extremen Fall verschwindet die Art; Analoges gilt auch in der unbelebten Natur. Nachhaltigkeit setzt ein (menschliches) Bewusstsein voraus, das die Endlichkeit und Entropie der Welt erkannt hat und nun versucht, trotz dieser unausweichlichen, naturgesetzlichen Umstände möglichst lange seine menschenwürdige Existenz zu sichern. Mit dem Nachhaltigkeitsprinzip geht der Mensch, die naturgesetzlichen Rahmenbedingungen respektierend, einen Weg, der ihm – und zwar global allen Menschen – einen möglichst langen, menschenwürdigen Fortbestand auf seinem endlichen Heimatplaneten gewährleisten soll.

Die globale Transformation. Die Transition

5

5.1 Rio: Der Urknall

Im Jahr 1972 hat sich die Welt erstmals zu einer „UN Konferenz über die Umwelt des Menschen" getroffen. Auf Veranlassung der UNCHE in Stockholm. 1200 Vertreter aus 112 Staaten (ohne die Ost-Staaten) waren zu dieser ersten Bestandsaufnahme zusammengekommen. 1979 kam es zur 1. Weltklimakonferenz mit 300 Experten in Genf.

1983 beriefen die Vereinten Nationen 19 internationale Sachverständige zur WCED *(World Commission on Environment and Development)* mit Sitz in Genf. Den Vorsitz führte Gro Harlem Brundtland, die frühere Umweltministerin und damalige Ministerpräsidentin von Norwegen. Die Kommission veröffentlichte 1987 ihren Zukunftsbericht *„Our Common Future"* (Brundtland-Report). Dieser wurde zum Programm gebenden Dokument des UN-Weltgipfels für Umwelt und Entwicklung 1992 in Rio de Janeiro. „Rio" gilt als Geburtsstunde der nationalen Nachhaltigkeitsstrategien, mithin der globalen Transformation zu einer nachhaltigen Welt (Agenda 21).

5.2 Die Weltgipfel

Seit 1972 haben inzwischen mehr als 50 Weltkonferenzen mit jeweils mehreren tausend Teilnehmern und mit großer Medienpräsenz (bis zu je 3000 Journalisten) stattgefunden (s. Abb. 5.1). Es gab Konferenzen für Umwelt und Entwicklung, den Millennium Gipfel 2000, Konferenzen für Entwicklungsfinanzierung, Weltbevölkerungskonferenzen, Weltfrauenkonferenzen, Weltsiedlungsgipfel, Weltgipfel zur Informationsgesellschaft, die Weltmenschenrechtskonferenz

Abb. 5.1 Zeitstrahl der globalen Meilensteine

1993, den Weltgipfel für soziale Entwicklung, einen Welternährungsgipfel und eine Weltrassismuskonferenz 2001 sowie inzwischen (beginnend 1995 in Berlin) 27 UN-Klimakonferenzen (COP *Conferences of Parties* 1–27) mit teilweise über 20.000 Vertretern. Besonders hervorgehoben seien die Konferenzen 1997 (COP 3) in Kyoto/Japan („Kyoto-Protokoll") und 2015 (COP 21) in Paris („Weltklimaschutzabkommen") (Vieweg 2019, S. 229 ff.). In Katowice/Polen (COP 24) hat sich die Welt 2018 ein Regelbuch für den Klimaschutz gegeben. Nach COP 28 Anfang Dezember 2023 in Dubai wird jetzt COP 29 in Baku, Aserbaidschan, vorbereitet.

Auf dem UN *Sustainable Development Summit* Ende September 2015 haben die Vereinten Nationen in New York beschlossen, auf die bis dato 8 Millenniumsentwicklungsziele (MDGs) (United Nations 2015, S. 7, 52–61), die vom Jahr 2000 bis 2015 die Marschrichtung vorgaben, im Rahmen der Agenda 2030 die neuen *Sustainable Development Goals* (SDGs, United Nations 2016) folgen zu lassen. Diese sollen jetzt global eine wirtschaftlich, sozial und ökologisch nachhaltige Entwicklung vereinen. Die SDGs bestehen aus 17 Einzelzielen (und 169 Unterzielen), wobei die Ziele Nr. 7, 8, 9 und 12 nachhaltiges Wirtschaften betreffen und wie folgt lauten:

SDG 7   Zugang zu bezahlbarer, verlässlicher, nachhaltiger und zeitgemäßer Energie für alle sichern

SDG 8   Dauerhaftes, inklusives und nachhaltiges Wirtschaftswachstum, produktive Vollbeschäftigung und menschenwürdige Arbeit für alle fördern

SDG 9   Eine belastbare Infrastruktur aufbauen, inklusive und nachhaltige
Industrialisierung (s. Deutsche Bundesregierung 2021, S. 246 ff. sowie
2022, S. 19) fördern und Innovationen unterstützen
SDG 12   Nachhaltige Konsum- und Produktionsmuster sicherstellen

Der frühere US-Präsident Barack Obama bemühte sich in seiner zweiten Amts-
periode vermehrt um einen effektiveren Umweltschutz in seinem Land, in dem
einzelne Staaten, insbesondere Kalifornien, in Sachen Umwelt und Nachhaltigkeit schon seit Jahren eine Vorreiterrolle innehaben. Dann hatten die USA auf
Geheiß von Präsident Donald Trump ab November 2020 das Pariser Klimaschutzabkommen verlassen. Sein Nachfolger Joe Biden hat bereits an seinem
ersten Amtstag die Rückkehr des Landes in den Pariser Klimavertrag angeord-
net. Im August 2022 hat Biden zudem den IRA *Inflation Reduction Act* durch
den Kongress gebracht und unterzeichnet. Primär geht es dabei um eine Förderung einer nachhaltigen Energienutzung; durch das 433 Mrd. Dollar schwere
Investpaket soll die US-amerikanische Industrie klima- und zukunftsfest gemacht
werden. China sieht sich insbesondere als eine Folge seiner rasanten wirtschaftlichen Entwicklung massiven Umweltproblemen gegenüber... und handelt; bis
2050 will das riesige Land klimaneutral sein. Insbesondere als Reaktion auf den
IRA und die massiven Subventionen Chinas in klimafreundliche Technologien
stellte, um wettbewerbsfähig zu bleiben und um ihre Fit-For-55-Klimaziele zu
erreichen, die EU-Kommissions-Präsidentin, Frau von der Leyen, in Aufstockung
des *Green Deal* 2019 im Februar 2023 den Green Deal *Industrial Plan* vor; die
geplante Finanzierung durch einen EU-Souveränitätsfonds ist allerdings zunächst
nicht zustande gekommen. Japan soll bis 2050 klimaneutral werden; dies will die
Regierung durch eine digitale und grüne Wachstumsstrategie erreichen. Auch in
Indien ist in den letzten Jahren ein Umdenken im Gange; Indien will bis 2070 die
Klimaneutralität erreichen und arbeitet in Fragen der Umweltpolitik verstärkt mit
Deutschland zusammen. Unter der erneuten Präsidentschaft von Luiz Inácio Lula
da Silva (ab 2023) haben zwar Umwelt- und Klimathemen sowie der Schutz des
Regenwaldes einen neuen Stellenwert erhalten, aber Brasiliens Regierung tut sich
mit ihrer Umweltagenda weiterhin schwer. Ähnlich hat Mexiko entsprechende
Reformen mit der Intention einer nachhaltigen Entwicklung eingeleitet. Kanada
will unter Premierminister Justin Trudeau bis 2050 klimaneutral werden, hat
2018 eine CO_2-Bepreisung eingeführt und 2021 sein Netto-Null-Emissionsziel
gesetzlich verankert.

Die Welt ist in Bewegung, man hat ein gemeinsames Projekt: den Klimawandel, genauer: den Klimaschutz... und die Welt spricht miteinander. Soll die
nachhaltige Welt gelingen, dann ist die Staatengemeinschaft gehalten, sich in

dieser Sache *nolens volens* zusammenzufinden. Als Nebeneffekt der Corona-Pandemie hatte sich die Klimabelastung leicht abgeschwächt. Aber Kriege (z. B. der Angriffskrieg Russlands gegen die Ukraine) und die aktuelle geopolitische Situation, verbunden mit den aktuell weltweiten Aufrüstungstendenzen sind hinsichtlich der globalen Nachhaltigkeitsziele absolut kontraproduktiv. Vielmehr gehören Nachhaltigkeit und Abrüstung zusammen und müssen verstärkt thematisiert werden. Nachhaltigkeit braucht Frieden (SDG 16), Konsens und Kooperation. Frieden ist nicht nur ein Nachhaltigkeits*ziel*, sondern – ganz entscheidend – eine *Voraussetzung*, nachgerade eine *condition sine qua non* für Nachhaltigkeit. Nachhaltigkeit durch Frieden und Frieden durch Nachhaltigkeit.

5.3   Andere Institutionen. Die Religionen. Der Papst

Auf europäischer Ebene haben sich die Mitgliedstaaten der Europäischen Union 2012 verpflichtet, „zur Entwicklung von internationalen Maßnahmen zur Erhaltung und Verbesserung der Qualität der Umwelt und der nachhaltigen Bewirtschaftung der weltweiten natürlichen Ressourcen beizutragen, um eine nachhaltige Entwicklung sicherzustellen" (EU 2012, Art. 21, Abs. 2 f.).

Eine EU-Strategie für nachhaltige Entwicklung wurde bereits 2001 ins Leben gerufen (EC 2001), 2006 überarbeitet (Europäischer Rat 2006) und zuletzt 2009 überprüft (EC 2009). Seit 2010 ist die nachhaltige Entwicklung ein Querschnittsanliegen der von dieser Kommission bekräftigten Strategie „Europa 2020" (EC 2010), die auf Bildung und Innovation („intelligent"), den Abbau von Kohlenstoffemissionen, Widerstandsfähigkeit gegenüber dem Klimawandel und positive Umweltfolgen („nachhaltig") sowie die Schaffung von Arbeitsplätzen und den Abbau der Armut („inklusiv") abzielt (EC 2016; S. 2 f.).

Die EU hat an der Agenda 2030 der UN, verabschiedet im Dezember 2015, entscheidend mitgewirkt. Letztere deckt sich voll und ganz mit den Vorstellungen der EU und dient jetzt als Blaupause für die weltweite nachhaltige Entwicklung. Die EU ist fest entschlossen, unter Einhaltung des Subsidiaritätsprinzips bei der Umsetzung der Agenda 2030 und den Nachhaltigkeitszielen zusammen mit den Mitgliedstaaten eine Vorreiterrolle zu übernehmen (EC 2016, S. 3 ff.).

Die Eurostat erstellt alle 2 Jahre auf der Basis von über 100 Indikatoren, gegliedert nach 10 Themenbereichen, einen Fortschrittsbericht und kontrolliert, ob die EU in ihrer avisierten nachhaltigen Entwicklung wie geplant vorankommt (Eurostat 2023, 7th edition). Nach der EU-Plastiktüten-Richtlinie (EU 2015) betreibt die EU darüber hinaus konsequent eine Verringerung der Vermüllung der Ozeane und Meere mit Plastikartikeln (EC 2018a, b). Erwähnenswert ist auch die EU-Kunststoff-Richtlinie über die Verringerung der Auswirkungen bestimmter Kunststoffprodukte auf die Umwelt und natürlich der bereits angesprochene *Green Deal* von Ende 2019, das Maßnahmengesetzes-Paket „Fit for 55" (EU 2023) und der Green Deal *Industrial Plan* 2030. Im März 2024 verabschiedete die EU ihr Lieferkettengesetz. Aus politischen Gründen stufte im Juli 2022 allerdings die EU Atomkraft und Erdgas als nachhaltig ein (Taxonomie); Klagen dagegen vor dem EuGH blieben ohne Erfolg. Europa ist in Klimasachen trotz allem recht energisch unterwegs und will 2050 als der erste THG-neutrale Kontinent dastehen.[1]

Die OECD, die auf dem Gebiet der Nachhaltigen Entwicklung auch sehr aktiv ist, fordert, als Erkenntnis einer Studie aus 2015 (OECD 2015) die Subventionen in fossile Energien zu stoppen und die dadurch freiwerdenden Finanzmittel in mehr Klimaschutz zu investieren. Eine gewisse Tendenz hierzu ist festzustellen, denn die meisten Länder reformieren sich diesbezüglich und streben nach einer wirtschaftlich nachhaltigeren Politik, indem sie gezielt ihre Subventionen in fossile Energien zurücknehmen. Im aktuellen Wirtschaftsbericht 2023 fordert die OECD Deutschland zu deutlich mehr Tempo beim Klimaschutz auf (OECD 2023).

Über die vorgenannten global agierenden, staatlichen Organisationen hinaus gibt es zahlreiche weitere global auftretende, nicht-staatliche Institutionen und Netzwerke, auf die hier im Einzelnen nicht näher eingegangen werden soll (s. Abb. 5.2). Hingegen sei an dieser Stelle ausdrücklich die weltumspannende Nachhaltigkeitsarbeit der großen Weltreligionen angesprochen. Speziell vermittels der weltweiten *Alliance of Religions and Conservation* (ARC 2017) wird dieses Bemühen koordiniert. Die Initiative hierfür ging von HRH Prinz Philipp, damals Präsident des WWF International, aus, der 1986 hohe Vertreter der 5 großen Weltreligionen – Buddhismus, Christentum, Hinduismus, Islam und Judentum – nach Assisi/Italien einlud, um miteinander darüber zu reden, wie die einzelnen Glaubensrichtungen helfen können, die natürliche Welt zu bewahren.

Vom 24.05.2015 datiert die Enzyklika „*Laudato si!* Über die Sorge für das gemeinsame Haus" von Papst Franziskus (2015, vgl. hierzu auch Misereor 2016). In Ziff. 16 seiner Enzyklika ruft der Papst auf, nach einem anderen Verständnis von Wirtschaft und Fortschritt zu suchen. Er schreibt gegen die grenzenlose Ausbeutung unseres Planeten, gegen einen fehlgeleiteten Konsum (Wegwerfkultur) und verlangt von den Menschen einen anderen Lebensstil. Er prangert den modernen Anthropozentrismus (Ziff. 115–123) an und bezeichnet ihn als eine

---

[1] siehe z. B. EU *Procedure 2023/0081/COD* Netto-Null-IndustrieVerordnung

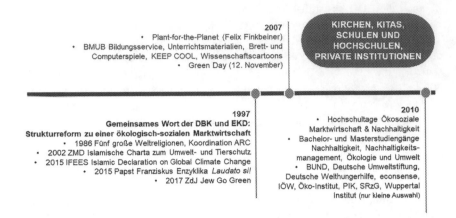

Abb. 5.2   Meilensteine anderer Institutionen und Weltreligionen

Teilursache der bestehenden ökologischen Krise. Im Rahmen einer ganzheitlichen Ökologie fordert er eine generationsübergreifende Gerechtigkeit (insb. Ziff. 159). Im 5. Kapitel der Enzyklika („Einige Leitlinien für Orientierung und Handlung") geht der Papst ausführlich auf den Dialog zwischen Politik und Wirtschaft zu einer vollen menschlichen Entfaltung ein (Ziff. 189–198).

Nachhaltigkeit ist gewiss keine moderne Ersatzreligion. Wir müssen sachlich bleiben. Ganz entscheidend in diesem Zusammenhang ist, dass es der Menschheit durch Bildung, insbesondere der Mädchen, durch Gleichberechtigung zwischen den Geschlechtern, durch Aufklärung und Verhütung weltweit gelingt, das Bevölkerungswachstum, das ein wesentlicher Treiber der globalen Probleme darstellt, abzudämpfen. Menschenwürdig kann das nur über die Ratio und auf freiwilliger Basis erfolgen.

5.4   Unternehmen, CRS, Freiwilligkeit/Soft Laws

Die globalen, europäischen und nationalen Bemühungen zu einer nachhaltigen Welt sind längst in den Unternehmen angekommen. Insbesondere international tätige Konzerne haben das Nachhaltigkeitsprinzip verinnerlicht. Ein gut ausgebautes, integriertes Nachhaltigkeitscontrolling ist die Basis für die interne und externe Nachhaltigkeitsberichterstattung und diese wiederum ist die Arbeitsgrundlage für ein systematisches Nachhaltigkeitsmanagement (s. Abb. 5.3) sowie

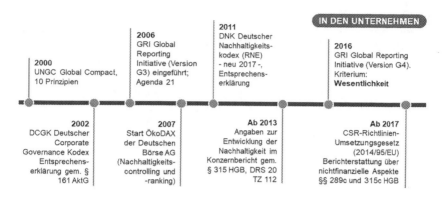

Abb. 5.3 Zeitstrahl der Meilensteine bezüglich der Unternehmen

für eine externe Nachhaltigkeitsbewertung (-rating). Seit Oktober 2011 existiert der DNK (Deutsche Nachhaltigkeitskodex); zwischenzeitlich mehrfach überarbeitet. Die Anwender reporten über 20 DNK-Kriterien und veröffentlichen in einer Datenbank auf der DNK-Website jedes Jahr eine Entsprechenserklärung (analog zu § 161 AktG) unter Rückgriff auf ein Set an GRI- und EFFAS-Indikatoren.

Größere Kapitalgesellschaften (>500 Mitarbeiter) sind durch das CSR-Richtlinien-Umsetzungsgesetz (CSR-RLUG; Deutscher Bundesrat Drs. 201/17 vom 10.03.2017) seit dem Geschäftsjahr 2017 verpflichtet, auch über zur Bewertung ihres Geschäftsverlaufs wesentliche, *nichtfinanzielle* Aspekte (gemäß §§ 289b/c und 315c HGB) – unter Androhung von Ordnungs- und Strafgeldern – Bericht zu erstatten.

Ideal wäre natürlich, wenn alle betreffenden Unternehmen dem entwickelten Nachhaltigkeitsreporting freiwillig und umfassend nachkämen. Das würde zudem zum Ausdruck bringen, dass die Unternehmen dem Nachhaltigkeitsgedanken durchweg den angemessen hohen Stellenwert einräumen und dabei sind, das erforderliche Nachhaltigkeitsbewusstsein und die angestrebte Nachhaltigkeitskultur zu entwickeln. Freiwilligkeit und Selbstverpflichtungen sind allerdings nur bei ca. der Hälfte der Unternehmen im ausreichenden Maß anzutreffen. Deshalb ist hierbei auch der Gesetzgeber gefordert und immer mehr Vorgaben werden obligatorisch. Allerdings sind die einzelnen Normenwerke und Indikatorensysteme aufeinander abzustimmen, damit nicht in den Unternehmen unnötige Doppelarbeit induziert wird. Außerdem ist nach Rechtsform, Kapitalmarktbezug und die Unternehmensgröße zu differenzieren sowie auf die Wesentlichkeit der zu berichtenden, branchenspezifischen Einzelaspekte abzustellen. Die Wesentlichkeit der

Berichtsdetails erlangt immer mehr an Bedeutung, denn sonst nimmt die Vielzahl der unterschiedlichen Berichtserfordernisse überhand und überfordert die Unternehmen sowie die Berichtsadressaten. Auch KMUs berichten bereits freiwillig über ihre Fortschritte in Sachen Nachhaltigkeit. Das schafft Wettbewerbsvorteile, z. B. im Marketing, ergo beim Produktimage, bei der Rekrutierung junger Nachwuchstalente und mehr und mehr auch bei der Kapitalbeschaffung.

Schließlich: Wer nicht hören will, der muss fühlen… Wenn Gebote und Soft Laws nicht verfangen, dann muss es über das Portemonnaie gehen. Dann muss man versuchen, über eine pretiale, fiskalische Lenkung (z. B. durch CO_2-Preise, CO_2-Steuer und in der EU ab 2023 durch CBAM[2]), über Buß- und Strafgelder das gewünschte Verhalten zu induzieren. Bei alledem sind allerdings soziale Nebenwirkungen fein auszubalancieren und ggf. angemessen zu kompensieren.

Was zunächst auf freiwilliger Basis als Ökobilanz bzw. als Umweltbericht begann, wurde inzwischen auch – zunächst im Rahmen der (internationalen) Konzernrechnungslegung (gem. § 315a HGB) – gesetzlich geregelt. Der revidierte DRS 20, der für Geschäftsjahre nach dem 31.12.2012 gilt, verlangt im Konzernlagebericht (gem. § 315 HGB) 17 Angaben über eine Entwicklung zur Nachhaltigkeit (DRSC 2012, TZ 110–115). Laut DRS 20 TZ 112 kann der Bezug zur Nachhaltigkeit dadurch hergestellt werden, dass für einzelne Kennzahlen der Zusammenhang zu ökonomischen, ökologischen und sozialen Belangen beschrieben wird. Für das Nachhaltigkeitsreporting können allgemein anerkannte Rahmenwerke, wie z. B. die GRI-G4-Richtlinie, die Vorgaben des IIRC, der Deutsche Nachhaltigkeitskodex, die ISO 26000, der UN Global Compact, das Umweltmanagement und -betriebsprüfungssystem EMAS (ggf. in Verbindung mit ISO 14001), die OECD-Leitlinie für multinationale Unternehmen und die Dreigliedrige Grundsatzerklärung über multinationale Unternehmen und Sozialpolitik der ILO *(International Labour Organization)* verwendet werden.

5.5   Veränderungen in der Zivilgesellschaft

Nicht nur das Umfeld der Unternehmen wandelt sich seit 1992 im Zuge der globalen Transformation zu mehr Umwelt- und Klimaschutz und zu einem verstärkten Nachhaltigkeitsbewusstsein. Auch jeder Einzelne tendiert mehr und mehr zu einem nachhaltigeren Leben. Menschen verstehen immer mehr die Zusammenhänge, auf die es ankommt, und entwickeln eine entsprechende Sensibilität.

---

[2] CBAM EU *Cross Border Adjustment Mechanism*, CO_2-Grenzausgleichssystem, Verordnung EU 2023/956 vom 10.05.2023

Sie nutzen ihre Flexibilität, sie improvisieren und probieren mehr und suchen neue Vorbilder. Man will nicht nur technisch smarter konsumieren, sondern bewusster und weniger. Luxus und Statussymbole jeder Art werden vermehrt hinterfragt… und auch zurückgenommen. Es ist den Menschen klar, dass es mit der Überfluss- und Wegwerfgesellschaft so nicht weitergehen kann. Das Überseine-Verhältnisse-Leben ist gewiss kein Menschenrecht (Paech 2015, S. 13 ff.). Die Bäume wachsen nirgendwo in den Himmel und überbordendes Wachstum ist in allen Fällen pathologisch.

Vieles ändert sich bereits freiwillig auf der Basis eines verinnerlichten Verständnisses, aber an einigen Stellen muss der Gesetzgeber für zusätzliche Schubkraft und Klarheit sorgen. Vermehrt in den letzten Jahren sind diverse Gesetze novelliert und auf Bundes-, Landes- und kommunaler Ebene neue Gesetze und Verordnungen erlassen worden, die nicht nur die Wirtschaft sondern auch jede/n Einzelne/n im Lande betreffen (s. u. Abb. 5.4).

	Gesetz/Verordnung	in Kraft seit
ElektroG	Elektro- und Elektronikgesetz	2005 neu 2015
VerpackG	Verpackungsgesetz	1/2019 neu 1/2021
EWKVen	Einwegkunststoffverordnungen - EWKVerbotsV EWKVerbotsverordnung - EWKKennzV FWKKennzeichnungsverordnung	7/2021 7/2021
KSG	Bundes-Klimaschutzgesetz	12/2019 neu 8/2021
LkSG	Lieferkettensorgfaltspflichtengesetz	1/2013
KTFG	Klima- und Transformationsfondsgesetz	2010 7/2022
BEHG	Brennstoffemissionshandelsgesetz	12/2019 neu 2/2023
EnWG	Energiewirtschaftsgesetz	1935/2005 neu 5/2023
EEG	Erneuerbare-Energien-Gesetz 2023	2014 neu 7/2023
TierHalt-KennzG	Tierhaltungskennzeichnungsgesetz	8/2023
KrWG	Kreislaufwirtschafts- und Abfallgesetz	1996 neu 6/2012 neu 1/2024
GEG	Gebäudeenergiegesetz	2020 neu 1/2024

Abb. 5.4 Deutsche Gesetze zur Nachhaltigkeit

Der Einzelhandel und die Getränkeindustrie hatten zunächst die Einführung des Einwegpfands versucht, gerichtlich zu verhindern. Ohne Erfolg. Zunächst wurde das „Dosenpfand" (seit 2003) nur noch veralbert und mittlerweile hat sich jeder daran gewöhnt. Allgemein gilt die 3R-Formel (Pauli 2010, S. 134 f.): *Reduce, Reuse, Recycle.* Oberster Grundsatz: Vermeiden! Weniger ist mehr! Auch sollte man die Nutzungsperioden etwa durch Secondhand, Reparieren, bessere Qualität verlängern; in 5/2023 hat das EU-Parlament eine Richtlinie hinsichtlich der Stärkung der Verbraucher für den ökologischen Wandel durch besseren Schutz gegen unlautere Praktiken (z. B. geplante Obsoleszenz) und bessere Informationen beschlossen (EP 2023a). Leihen statt kaufen. Sharing Economy. Die 3 F's: *Fleisch, Fahrten, Flüge* sind heutzutage schlicht üblich (Normalitätsvorstellung), wenn man sie sich leisten kann (Ekardt 2017, S. 67). 15 % der weltweit anthropogen verursachten Emissionen gehen auf den Fleischkonsum zurück, wobei der Konsum von Fleisch und Wurst in Deutschland in den letzten Jahren stagniert bzw. leicht zurückgeht. Die Einkaufs- Verzehrgewohnheiten ändern sich (s. BMEL Ernährungsreport 2022, S. 29), wenngleich langsam. Inzwischen gab es 2022 in Deutschland 7,9 Mio. Vegetarier (+0,5 Mio. gg. 2021) und 1,57 Mio. Veganer (+0,17 Mio.), mit weiter steigender Tendenz.[3] Vegetarische und vegane Wurst wird auch den in Bezug genommenen Lebensmitteln tierischen Ursprungs insbesondere in Aussehen und Mundgefühl immer ähnlicher und von daher bei den Konsumenten immer beliebter. Die Industrie arbeitet daran, In-Vitro-Meat („Stammzellen-Burger") in wenigen Jahren zur Marktreife zu bringen. „Flexitarier" werden auch als flexible Vegetarier bezeichnet. Sie lehnen die Massentierhaltung ab, schützen die Umwelt, möchten ihre Gesundheit fördern und trotzdem nicht ganz auf hochwertiges, biologisch produziertes Fleisch verzichten. Laut einer Forsa-Studie gibt es in Deutschland rund 42 Mio. solche „Teilzeitvegetarier" und es werden immer mehr. Definiert wurden die Flexitarier bei dieser Umfrage als Personen mit einem Fleischverzicht an mindestens drei Tagen pro Woche. Man respektiert verbreitet, dass Tiere keine Wegwerfware sind. Deswegen ändert sich auch unser Umgang mit diesen Geschöpfen. Es gibt allerdings immer noch eine Menge zu tun, was nicht nur den Tieren sondern auch direkt dem Menschen zugutekommt. Ab April 2019 hat die „Initiative Tierwohl" (LIDL, ALDI/ Nord/Süd, REWE/Penny/Wasgau und EDEKA/Netto) ein Qualitätssiegel eingeführt, ein staatliches Tierwohlsiegel gibt es ab August 2023, das Aufzucht, Ställe, Transporte und Schlachtung von Rindern, Schweinen und Geflügel betrifft. Allgemeines Ziel ist es, die Qualität des Frischfleischangebots in den nächsten Jahren

---

[3] Nach einer statista-Umfrage.

weiter erheblich zu verbessern. Zusätzliche Transparenz bietet dem Verbraucher seit 2020 die freiwillige Nährwertkennzeichnung „Nutri-Score".

Zum nachhaltigen, klimaneutralen Leben gehört auch eine möglichst ressourcenschonende und emissionsarme Mobilität und klimaneutrales Reisen. Verstärkt werden elektrische Antriebe entwickelt und E-Autos (BEV, PHEV und HEV) angeboten und die Ladeinfrastruktur ausgebaut; alternativ arbeitet man an Wasserstoff-getriebenen Motoren und an Fahrzeugen mit Brennstoffzellenantrieb (FCEV). Möglichst wären unnötige Fahrten und Reisen überhaupt zu vermeiden, unumgängliche Transporte (Personen und Güter) sollten dann CO_2-kompensiert erfolgen. Wie gesagt: Kompensieren ist gut, vermeiden ist besser. Hier gibt es einige Öko-Reiseportale (wie z. B. *atmosfair, ClimateFair*)[4], die klimaneutrale Reisen, insbesondere klimaneutrale Flugreisen anbieten; das Ziel ist neben dem Abbau von jeglichem *Overtourism* die Realisierung von sanftem, fairem, naturnahem bzw. nachhaltigem Tourismus. Auch die Regierungs-Mobilität und die An- und Abreisen zu den großen Weltkonferenzen (s. Abschn. 5.2) werden inzwischen durchweg klimaneutral durchgeführt. Die Triebwerkshersteller arbeiten an immer sauberen und effizienteren Flugzeugtriebwerken; auch Wasserstoff-Triebwerke sind in der Projektierung und Erprobung, dito werden alternative, synthetische Flugkraftstoffe getestet. Die ICAO *International Civil Aviation Organization,* der 191 Luftfahrtnationen angehören, hat in 2016 ein Abkommen (CORSIA *Carbon Offsetting and Reduction Scheme for International Aviation*) verabschiedet, wonach ab 2020 dieser Luftverkehr nur noch CO_2-neutral wachsen soll, bei einem jährlichen Verkehrszuwachs von ca. 5 %. Kreuzfahrtschiffe werden sukzessive auf Gasbetrieb umgestellt; die IMO *(International Maritim Organization)* hat sich vorgenommen, bis 2050 die Treibhausgasemissionen des Seeverkehrs zu halbieren.

Schon immer hat es Menschen gegeben, die bedingt durch ihren Glauben ein einfacheres Leben bevorzugen, das auf Luxus und die Nutzung von Technik weitgehend verzichtet (z. B. die Amischen). Zeitgeistig haben sich die Zielgruppen der LOHAS *(Lifestyles of Health and Sustainability)* und LOVAS *(Lifestyles of Voluntary Simplicity)* herausgebildet.

Erneuerbare Energieträger werden (on- und off-shore) forciert ausgebaut, der Atomausstieg wurde 2022 mit dem Abschalten der letzten 3 deutschen Atomkraftwerke vollzogen und der Kohleausstieg (per Gesetz bis spätestens 2038, lt. Koalitionsvertrag möglichst bis 2030) ist weitgehend Konsens, trotz Beendigung der Öl- und Gasimporte aus Russland; der Bund unterstützt den Strukturwandel

---

[4] Weitere Informationen unter https://utopia.de.

der betroffenen Kohleregionen. Als Energieträger der Zukunft gilt vermehrt Wasserstoff. Zum koordinierten Hochlauf einer Wasserstoffwirtschaft hat im Juni 2020 die Bundesregierung die erste Nationale Wasserstoffstrategie vorgelegt; im Juli 2023 folgte deren Fortschreibung. Wir bauen Niedrigenergiehäuser („Passivhäuser"), zumindest werden immer mehr Gebäudeteile gedämmt und Solar- oder Photovoltaikpanels auf unsere Dächer bzw. Balkone montiert. Wir drängen konsequent den Verpackungsmüll (Plastik) zurück und kämpfen gegen die immense Lebensmittelverschwendung[5], die immer noch ein großes Problem darstellt: Rund ein Drittel aller hergestellten Lebensmittel landen nicht auf den Tellern/in den Bäuchen der Menschen sondern im Abfall, obwohl gleichzeitig immer noch 735 Mio. Menschen (UN 2022) auf der Welt hungern oder unter Mangelernährung leiden. Auf der anderen Seite sind bio-, regionale und saisonale Produkte im Vormarsch. Bio-Supermärkte nehmen zu; Bio-Umsätze haben sich in den letzten 10 Jahren mehr als verdoppelt, mit einem kleinen Corona-bedingten Rückgang... und weiterem Anstieg ab 2. Quartal 2023.[6]

Bei den Jugendlichen (14–22-Jährige) zählen, wie die letzte BMU-Jugendstudie 2021 ausweist, Umwelt- und Klimaschutz weiterhin zu den wichtigsten gesellschaftlichen Themen. Nachhaltigkeit gehört bei ihnen zum Alltag (BMUV 2022, S. 32). Sorgen um die Umwelt und das Klima belasten Zukunftsperspektiven, Lebensgefühl und Gerechtigkeitsempfinden junger Menschen (BMUV 2022, S. 21). Das Thema wird immer stärker emotional aufgeladen: Angst, Trauer, Mitleid und/oder Wut spielen zunehmend eine Rolle (BMUV, S. 18). Junge Menschen sind unzufrieden damit, was die Bundesregierung, die Industrie und Wirtschaft sowie jede und jeder Einzelne für den Umwelt- und Klimaschutz tun. Sie selbst verhalten sich eher beim Konsum nachhaltig, als sich zivilgesellschaftlich zu engagieren. Jedoch zeigt gerade die Klimabewegung, dass es zivilgesellschaftliches Engagement braucht, um weitreichende Veränderungen zu erreichen (BMUV, S. 37). Insgesamt: Es tut sich viel in Richtung nachhaltige Umwelt... und die Entwicklung nimmt weiter an Fahrt auf. Allerdings müssen wir darauf achten, dass man positive Entwicklungen in Richtung Nachhaltigkeit nicht durch Nachlässigkeiten an anderer Stelle – weil man ja *besser* geworden ist – wieder zunichtemacht („Rebound-Effekte"; Paech 2015, S. 75 ff., 84 ff.). Angekommen im Anthropozän fordert Stefan Brunnhuber deshalb zu Recht, in sämtliche Nachhaltigkeitsanstrengungen vermehrt auch

---

[5] Allein in Deutschland 2020: 10,9 Mio. t pro Jahr, das sind 78 kg pro Kopf, was einem Wert von 280 € p. c. entspricht.

[6] Siehe im Einzelnen https://de.statista.com/statistik/daten/studie/4109/umfrage/bio-lebens mittel-umsatz-zeitreihe/.

Psychologen einzuschalten (Brunnhuber 2016, S. 280), denn es geht dabei nicht nur um technische, geophysikalische und geochemische, (macht-)politische und finanzielle Fragen, sondern um gravierende, überhaupt nicht triviale Verhaltensänderungen in jedem von uns. Es nützt nichts, wenn wir wissen, wie's geht bzw. gehen könnte, aber wir es einfach nicht hinbekommen (s. Markus 14:37–38, Luther Bibel 1545). Wir kennen alle das Schicksal unserer guten Vorsätze zum Jahreswechsel…

Fazit: Die Menschheit braucht für diese gemeinsame Problematik eine gemeinsame Einsicht. Es geht nicht, wenn jeder das auf Biegen und Brechen verteidigt, von dem er persönlich überzeugt ist. Oder wenn man der vermeintlichen Gegenseite vorhält, sie würde Dinge in Anspruch nehmen, die sie anderen nicht gönnt. Solche ‚klimabesorgten Klimasünder' predigen Wasser und trinken selber Wein… und fahren SUV und jetten um die Welt, als gäbe es kein Morgen (Plickert 2019). Kontroversen, Neiddebatten und das Desavouieren des Anderen helfen nicht weiter. Auch demokratisch erzielte Mehrheiten sind nur bedingt eine (nachhaltige) Lösung, da eigentlich alle an einem Strang ziehen müssten. Wir brauchen die Irenik[7], die Müller-Armack damals bei der Formulierung der Sozialen Marktwirtschaft ins Spiel gebracht hat. Wir müssen verstehen, dass wir alle Menschen der globalen Transformation sind und gemeinsam in dieser *Transition* stecken. Denn im Moment wollen noch zu viele das bewahren, was ihrs ist. Andere sind innerlich zerrissen, kämpfen gegen ihren inneren Schweinehund und leiden unter diesem Multilemma. Wieder andere wähnen sich bereits als in der nachhaltigen Utopia angekommen. Keine Frage: Die Klammer für alle diese komplexen Verwerfungen ist das Prinzip der Nachhaltigkeit, das schließlich alle Lebensbereiche irenisch durchdringen muss.

---

[7] Irenik ist die Lehre vom Frieden und meint das respektvolle Bemühen um eine friedliche Auseinandersetzung mit dem Ziel einer Aussöhnung.

Die Nachhaltige Marktwirtschaft 6

Transformation by Design oder *by Disaster?* (Sommer und Welzer 2017, S. 29 ff.) … das ist hier die Frage. Dieser Mega-Menschheits-Prozess ist in jeder Phase bewusst und zielführend zu gestalten und es ist zu verhindern, dass die Menschen am Ende vom Chaos überrollt werden. Die Große Transformation hat unter der Würde des Menschen, der Gleichheit und Freiheit aller Menschen und der Offenheit der Gesellschaften abzulaufen. Je weniger Zwang (Ge- und Verbote) dabei im Spiel ist, umso schneller und „geräuschloser" werden diese Veränderungen vonstattengehen. Idealerweise sollte dies alles von der Einsicht in die Unabdingbarkeit des Nachhaltigkeitsprinzips getragen sein, mithin letztlich freiwillig über die Bühne gehen.

6.1 Deutsche Nachhaltigkeitsinfrastruktur. Das Nachhaltigkeitsmanagement

Zunächst zum strukturellen Überbau: National etablierte Akteure nachhaltiger Entwicklung in Deutschland sind neben vielen einschlägigen privaten und öffentlichen Initiativen und Organisationen die folgenden Nachhaltigkeitsinstitutionen (Deutsche Bundesregierung 2022, S. 16; s. Abb. 6.1):

- der Wissenschaftliche Beirat der Bundesregierung Globale Umweltveränderungen (WBGU, seit 1992)
- der Rat für Nachhaltige Entwicklung (RNE, seit 2001)
- der Parlamentarische Beirat für nachhaltige Entwicklung (PBnE, seit 2004)

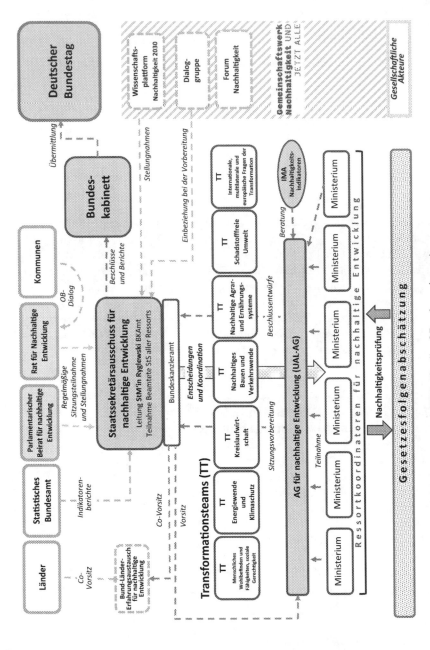

Abb. 6.1 Deutsche Nachhaltigkeitsgovernance 2022. (Quelle: ©Bundesregierung)

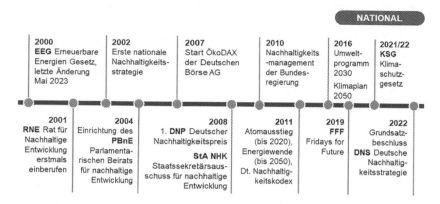

Abb. 6.2   Zeitstrahl der nationalen Meilensteine

- der Staatssekretärsausschuss für nachhaltige Entwicklung (StA NHK, seit 2008)
- Ressortkoordinator*innen für nachhaltige Entwicklung (seit 2017)
- die 7 Transformationsteams (TT, seit 2022)

Das Bundeskabinett hat im August 2022 die Staatsministerin im Bundeskanzleramt, Frau Sarah Ryglewski MdB, mit der Zuständigkeit für die Nachhaltigkeitspolitik betraut. Sie leitet den Staatssekretärsausschuss für nachhaltige Entwicklung und ist zudem zuständig für die Bund-Länder Koordination (Gemeinschaftswerk Nachhaltigkeit, 4 RENN[1]). Insbesondere obliegt dem Nachhaltigkeitsmanagement die Fortschreibung der Deutschen Nachhaltigkeitsstrategie und die Nachhaltigkeitsprüfung einer jeden neuen Gesetzesvorlage.

Seit der Jahrtausendwende hat sich in Deutschland eine Menge getan; siehe die nationalen Meilensteine in Abb. 6.2.

Aktuell gelten in Deutschland die DNS Deutsche Nachhaltigkeitsstrategie (2021) in Verbindung mit dem Grundsatzbeschluss 2022 zur DNS[2] (nächstes DNS-Update 2024), und das Integrierte Umweltprogramm 2030 (2017). Ein überarbeitetes Klimaschutzprogramm 2023, das 130 Einzelmaßnahmen enthält, wurde Anfang Oktober 2023 vom Bundekabinett beschlossen. Zudem ist eine 2. Novelle des Klimaschutzgesetzes in Arbeit.

---

[1] *https://www.renn-netzwerk.de*
[2] BT-Drs. 20/4810 vom 30.11.2022

6.2   Nachhaltigkeit in der Wirtschaft

Mit *Harald* Welzer – leicht abgewandelt – lässt sich sagen: *Fast ist es so, als sei mit der Einlösung des Wohlstandsversprechens der Sozialen Marktwirtschaft die Zukunft gewissermaßen aufgebraucht, indem sie realisiert worden ist* (Welzer 2017, S. 10).

Natürlich ist auch die Erweiterung der Sozialen zu einer Nachhaltigen Marktwirtschaft von einer gewissen Verunsicherung begleitet, aber die Gesellschaft, namentlich die Wirtschaft, kommt nicht umhin, zur Lösung der Klima-, Ressourcen-, Emissions- und Abfallprobleme grundsätzlich neue Wege einzuschlagen: Mit dem Hinweis auf eventuelle Bedenken und Befürchtungen und mit ein paar Adjustierungen und Optimierungen im Kleinen werden sich die aufgeschaukelten Probleme nicht lösen lassen. Wir bräuchten Strategien zur Brechung der Steigerungslogik. Und müssten diese anwenden. Wir müssten echte Pfadwechsel einleiten, statt sie nur zu postulieren („Als-ob-Politik") und solche Postulate sodann mit weiterem Aufwand auszustatten (Welzer 2017, S. 21).

Das Prinzip der Wachstumswirtschaft erfordert einen ständigen Mehraufwand an Material und Energie. Die dafür notwendige stoffliche Substanz lässt sich nicht durch noch so viel Digitalisierung und Effizienzsteigerung ersetzen. Diesen systemischen Grundwiderspruch löst unsere Gesellschaft, indem sie Nachhaltigkeit jeweils an das Ende der Wertschöpfungskette verlegt – also nicht zuerst danach fragt, ob ein Produkt überhaupt nötig ist, sondern seine Notwendigkeit als selbstverständlich voraussetzt, es aber mit einer Art Nachhaltigkeitsornament verziert, wenn es dann fertig ist. Zielführend wäre die Frage der Nachhaltigkeit *pro-aktiv* an den Anfang der Wertschöpfungskette zu verlegen. Dann würde mit großer Wahrscheinlichkeit von allem weniger hergestellt und verkauft werden (Welzer 2017, S. 15, 22).

Für Martin Bethke ist Nachhaltiges Wirtschaften ein Erfolgsfaktor. Er beschreibt und zeigt anhand von konkreten Beispielen praxisnah und kompakt, wie die Transition unternehmensintern organisiert und in Routine gebracht werden kann (Bethke 2023).

6.2.1   Nachhaltigkeit als Chefsache

Trotz Dieselgate und manch anderer ökologischer Verfehlung ist Nachhaltigkeit in den meisten Unternehmen, vor allem in den großen Konzernen (aber nicht nur dort…), längst Chefsache und genießt einen hohen Stellenwert. Viele größere Unternehmen haben Organisationseinheiten mit entsprechenden Querschnittsbefugnissen eingerichtet, praktizieren ein ausgebautes Nachhaltigkeitscontrolling und veranstalten sogenannte Nachhaltigkeitstage. Selbst wenn einiges auch nur gemacht wird, weil es eben vorgeschrieben ist, oder nur Marketingfunktionen dient *(Greenwashing)*, befördert dies den Nachhaltigkeitsgedanken ganz generell. Und zunehmend mehr werden seitens der Stakeholder (Eigentümer, Banken, Behörden, Kunden, Lieferanten, Mitarbeitende, Medien) von den Unternehmen nicht nur Bekenntnisse sondern konkrete Aktivitäten in Sachen Nachhaltigkeit erwartet, und dass solche Aktivitäten auch angemessen und zuverlässig kommuniziert werden. Beispielsweise ist die Robert Bosch GmbH nach eigenen Angaben als eines der ersten deutschen Unternehmen ab 2020 weltweit in all ihren 400 Standorten komplett CO_2-neutral (Scope 1 und 2, d. h. teils kompensiert, mit Eintrag bei SBTi[3]); 500 (Stand 4/2024) andere deutsche Unternehmen (von global fast 8000) sind gleichfalls bei SBTi gelistet.

6.2.2 Nachhaltigkeit als Erfolgsfaktor

Die Produktion unmittelbar nach dem zweiten Weltkrieg musste zunächst einmal Produkte mit ihrer Grundfunktionalität in ausreichender Menge herstellen. In den 1960er Jahren fing auch das Aussehen der Produkte (Design) an, eine Rolle zu spielen. In den 70er Jahren wurden zudem vermehrt Montage- und Bedienungsanleitungen gefordert. In den 80er Jahren wurde Service immer wichtiger und in den 90er Jahren wurde die ausgewiesene Qualität der Produkte kaufentscheidend. Ab 2000 wurden Ethik und Nachhaltigkeit[4] neue wichtige Produktmerkmale und ab 2020 müssen die Produkte nachhaltig und umweltschonend[5] sein, wenn sie gekauft werden sollen. Immer wenn sich neue Produktanforderungen ausformten, wurde von den Unternehmen – und deren Lobby – auf die zusätzlichen Kosten hingewiesen und dass die sich daraus ergebenden höheren Preise letztlich an die Kundschaft durchgereicht werden müssten und/oder Arbeitsplätze kosten oder gar eine Verlagerung des Standorts ins Ausland nötig machen würden. Aber es zeigte sich stets, dass den Preissteigerungen im Wettbewerb regelmäßig enge Grenzen gesetzt sind und dass der Anbieter, der sich zulange gegen die neu aufkommenden Trends stemmte, allzu leicht Gefahr lief, ganz vom Markt abgelehnt zu werden... Das anfängliche Jammern der Produzenten half regelmäßig nichts, man musste

---

[3] SBTi Science Based Target Initiative https://www.sciencebasedtargtsorg/comüanis-taking-action#dashboard

[4] Beispielsweise mehr ‚Bio', ‚Fair Trade', ‚MSC' und recycelfähig. CSR Corporate Social Responsibility. DNK Deutscher Nachhaltigkeitskodex. Siegel, Indices, Rankings und die Vorgaben der GRI Global Reporting Initiative. Wirtschafts- und Unternehmensethik.

[5] Ressourcen- und energiesparend sowie CO_2-, NO_X-, müll- und feinstaubvermeidend.

sich anpassen, wenn man seine Umsätze sichern bzw. steigern wollte. So wird es mit dem Produktmerkmal der Nachhaltigkeit auch sein. Auf dem Weg zu einer nachhaltigen Welt ist jeweils genau zu überlegen, wofür wir in Zukunft unsere Intelligenz, Zeit und Ressourcen (auch finanzielle) einsetzen – wie nachhaltig sind z. B. manche IT-/KI-/Telekommunikations-/Media-Projekte, manche Roboterisierungs- und Raumfahrtprojekte oder Autonomes Fahren? Von Waffen(-systemen) und Munition ganz zu schweigen… Ebenso sollte man bei allen Eingriffen in das Erd-Ökosystem (Geo-Engineering; s. Vieweg 2019, S. 59 f.) vorsichtig sein; man muss aufpassen, dass man im Überschwang nicht mehr kaputt macht als bessert. Auch sind nicht wenige Kompensationsprojekte fraglich und bedürfen vor ihrer Anwendung einer genauen Prüfung.

Die globale Transformation, in der sich die Wirtschaft und die Staaten – und zwar weltweit – momentan befinden, birgt ein (historisch) großes Innovationspotenzial. Es werden neue Produkte und Dienstleistungen entstehen. Da gibt es für jede und jeden hochspannende Herausforderungen und genug Arbeit. Der Hauptengpass wird darin bestehen, die Ausbildungs- und Studiengänge schnell genug inhaltlich anzupassen. Die jungen Menschen – einheimische, europäische und auch Migranten aus ferneren Ländern – stehen dafür bereit. Nur die Bildungsinfrastruktur muss sich auch entsprechend bewegen.

Sogar die Finanzmärkte stellen sich um. Das Kapital, bekanntlich ein ‚flüchtiges Reh‘, geht vermehrt in nachhaltige Industrien, die auch nachhaltig eine attraktive Rendite versprechen. Der Trend geht weg von den kohlendioxidintensiven, fossilen Branchen. Auch die schon erwähnten Waffen(-systeme) und Munition sind für Anleger unter dem Nachhaltigkeitsaspekt zunehmend problematisch. (Groß-)Anleger (z. B. die Rockefellers, der norwegische und der japanische Rentenfonds) schichten ihre Portfolios vermehrt in nachhaltige und ethische Anlagetitel um. Das wird den betreffenden Branchen weiteren Auftrieb verleihen.

Besonders bekannt sind die folgenden ESG[6] -*focused* Indizes:

- DJSI *Dow Jones Sustainability Index*
- FTSE4Good – ethisch-ökologischer Aktienindex[7]
- ÖkoDAX – Erneuerbare Energien
- NAI – Natur-Aktien-Index, seit 1997
- MSCI *Low Carbon Leaders Index*[8]

---

[6] ESG *Environment Social Governance.*

[7] FTSE *Financial Times Stock Exchange.*

[8] MSCI *Morgan Stanley Capital International.*

Schon Gerhard Schröder bezeichnete die Nachhaltigkeit als eine umfassende Modernisierungsstrategie und unsere Antwort auf die Herausforderungen unserer Zeit. Unternehmen, die sich nachhaltig verhalten und dies auch entsprechend kommunizieren (*„Tue Gutes und sprich darüber!"*), haben heute klare Wettbewerbsvorteile im Markt. Nachhaltigkeit ist zu einem Erfolgsfaktor geworden (Klöckner 2015, S. 3, 15). Wenn allerdings Nachhaltigkeit – und darauf zielt die Nachhaltige Marktwirtschaft ab – generell zum durchgängigen Standard geworden ist, wird sich dieser temporäre Vorsprung Einzelner wieder teils verflüchtigen... und das wäre auch gut so! Verstöße gegen die Nachhaltigkeit können, wenn sie bekannt werden, zu erheblichen Ergebniseinbußen und mittlerweile auch zu hohen Strafgeldern führen. Der aus derartigen Verstößen im Allgemeinen resultierende Image-Schaden (*„Shitstorms"*) kann sogar die Existenz des betreffenden Unternehmens infrage stellen.

6.3 Nachhaltigkeit in der Lehre

Heutzutage werden den kleinen Kindern schon in den Kindergärten und Grundschulen der achtsame Umgang mit der Natur und Nachhaltigkeitsdenken nahegebracht. Hierfür gibt es hervorragend pädagogisch aufbereitetes Spiel-, Anschauungs- und Unterrichtsmaterial sowie Grüne Klassenzimmer. Felix Finkbeiner hat als Schüler im Alter von zarten 9 Jahren (2007) seine Kinder- und Jugendinitiative *Plant-for-the-Planet* gegründet, die bis 2018 weltweit 14 Mrd. Bäume gepflanzt hat (Ziel: 1000 Mrd. Bäume). Auch aktuell wollen Schüler, weil sie es der Erwachsenengeneration nicht wirklich zutrauen, selbst initiativ werden. So schwänzen sie – dem Impuls der jungen schwedischen Klimaaktivistin *Greta* Thunberg (21) folgend – seit Anfang 2019 in vielen Ländern manchen Freitag („Klimastreiktag") den Unterricht, um für den Klima- und Umweltschutz zu demonstrieren („Fridays for Future")[9]. Es ist traurig, dass es so weit kommen musste... Inzwischen haben sich weitere ähnliche Initiativen gebildet: Omas/ Opas..., *Scientists..., Psychologists... for Future.*

Im Unterricht der oberen Klassen werden die Themen Umwelt-, Klima- und Artenschutz sowie Nachhaltigkeit regelmäßig behandelt. An vielen Schulen gibt es Arbeitsgruppen, die sich in (freiwilliger) Projektarbeit diese Themen vertieft

---

[9] Als Reaktion auf die FfF-Schüler-Proteste rief Konstanz am 02.05.2019 als erste Stadt Deutschlands den ‚Klimanotstand' aus. https://www.konstanz.de/start/service/rat+tagte+ am+2_+mai+2019.html. Zugegriffen: 9. Mai 2019.

anschaulich erschließen. An den meisten deutschen Hochschulen werden mittlerweile Kurse in Wirtschaftsethik sowie Umwelt- und Nachhaltigkeitsmanagement angeboten, die von den Studierenden, die ja noch eine Menge Zukunft vor sich haben, gut frequentiert werden. An vielen deutschen Hochschulen, meist den technischen Universitäten (TUs und THs), gibt es hierzu komplette (Bachelor-) Studiengänge, manchmal sogar auf dem Master-Level.

Die moderne BWL greift Themen des gesellschaftlichen Wandels auf (Wolf et al. 2018). An den Hochschulen wird bereits vereinzelt eine Nachhaltige Betriebswirtschaftslehre (Ernst und Sailer 2013) vorgetragen. Die Hochschultage „Ökosoziale Marktwirtschaft & Nachhaltigkeit" wurden 2010 als Gemeinschaftsprojekt von sechs Träger-Organisationen[10] initiiert. In der Zusammenarbeit mit den Projektpartnern vor Ort (Studierendeninitiativen, Lehrende, Hochschulverwaltung, andere Hochschulakteure) sahen die Träger ihre Rolle in erster Linie als Anstoßgeber, Erfahrungsträger und organisatorische Helfer sowie im Einbringen von Fachexpertise und insbesondere der honorarfreien Referentenvermittlung. Bis 2018 hatten 146 in der Regel 3-tägige Hochschultage in Deutschland, Österreich und der Schweiz stattgefunden. Das Projekt Hochschultage gab dem Thema „Nachhaltigkeit" in der jeweiligen Hochschulregion ein Podium und es trug dazu bei, dass sich in Sachen Nachhaltigkeit aktive Menschen trafen und vernetzten. Bedauerlicherweise haben personelle Veränderungen in den Träger-Organisationen und die Corona-Pandemie den Initiativen erheblich den anfänglichen Elan genommen. Die Klimakleber der sogenannten ‚Letzten Generation' haben in Politik und Gesellschaft überaus kontroverse Debatten ausgelöst; es ist unklar, ob diese extremen Protest- und Störaktionen (seit Anfang 2022) der Klimabewegung genützt oder eher geschadet haben. Und nicht wenige dieser Aktionen haben ein strafrechtliches Nachspiel (meist wegen Nötigung und/oder Sachbeschädigung).

6.4   Nachhaltigkeit im Grundgesetz

Wir sollten uns über die begrüßenswerten Entwicklungen hinaus auch in Deutschland noch klarer zum Prinzip der Nachhaltigkeit bekennen und dieses Prinzip formell in unserem Grundgesetz verankern, wie das andere Staaten dieser Erde bereits getan haben (Boyd 2012). In 2006/2007 hatte es hierzu im Deutschen Bundestag schon einmal eine parteiübergreifende Initiative zu einem Generationengerechtigkeitsgesetz gegeben. Der Gesetzentwurf wurde von über 100

---

[10] Siehe im Einzelnen unter http://hochschultage.org/traeger/.

Abgeordneten der CDU/CSU, der SPD, der Bündnis 90/DIE GRÜNEN und der FDP (Deutscher Bundestag 2006) eingereicht und am 11.10.2007 im Bundestag beraten. Der Kernsatz, vorgetragen von MdB Peter Friedrich (SPD) lautete: *„Der Staat hat in seinem Handeln das Prinzip der Nachhaltigkeit zu beachten und die Interessen künftiger Generationen zu schützen"* (Deutscher Bundestag 2007, S. 12236). Intendiert war eine Ergänzung des Grundgesetzes durch einen neuen Artikel 20b, der den Art. 20a GG erweitern und präzisieren sollte. Interfraktionell war man sich nach ausgiebiger Beratung einig, den Entwurf in die Ausschüsse (Rechtsausschuss federführend) zu überweisen. – Daraufhin ist dieser Antrag leider irgendwie in Vergessenheit geraten...

Die deutschen Landesverfassungen, insbesondere die der neuen Bundesländer[11], haben meist neben dem Schutz der natürlichen Lebensgrundlagen (analog Art. 20a GG) auch das Prinzip der Nachhaltigkeit thematisiert (Schubert 1998, S. 237 f., 270 f.). Am 15.10.2008 fand unter der Regie des PBnE eine Öffentliche Anhörung zum Generationengerechtigkeitsgesetz statt und es gab dazu sehr tiefgehende, heute noch durchaus lesenswerte Stellungnahmen von Christian Calliess (Calliess 2008), Bernd Raffelhüschen (Raffelhüschen 2008) und Jörg Tremmel (Tremmel 2008). Etwas aktueller wurde das Thema dann wieder in einem politischen Rahmen aufgegriffen. Die Experten eines öffentlichen Symposiums des PBnE am 20.05.2015, unter Vorsitz von Andreas Jung MdB (CDU), haben sich ebenfalls einhellig dafür ausgesprochen, das Prinzip der Nachhaltigkeit im Grundgesetz zu verankern. Reinhard Loske forderte ein Verfassungsziel „Nachhaltige Politik" (Loske 2015, S. 248). Mit Datum vom 03.06.2016 hat Joachim Wieland im Auftrag des RNE (Rates für Nachhaltige Entwicklung) ein bemerkenswertes Rechtsgutachten unter dem Titel „Verfassungsrang für Nachhaltigkeit" vorgelegt; zur Problematik führt er aus (Wieland, S. 22 f.):

„Tendenziell steht das Sozialstaatsprinzip ... in einem Spannungsverhältnis zum Nachhaltigkeitsprinzip. ... Letztlich ist das Sozialstaatsprinzip gegenüber dem Nachhaltigkeitsprinzip ambivalent."

Ohne einen Art. 20b im Grundgesetz dürfte dieser Ambivalenzfall in aller Regel zugunsten des Sozialstaatszieles ausgehen. Erst wenn auch das Nachhaltigkeitsprinzip und die Generationengerechtigkeit quasi auf Augenhöhe („ranggleich") dagegen gestellt würden, könnte eine faire Abwägung im Einzelfall erfolgen (Wieland 2016, S. 39). Da man das Soziale und die Nachhaltigkeit nicht einfach

---

[11] Bayern (siehe Freistaat Bayern 2013, Art. 3 und 141), Mecklenburg-Vorpommern, Brandenburg, Sachsen-Anhalt, Thüringen, Sachsen und seit Okt. 2018 auch Hessen (neuer Art. 26c).

in einen Topf werfen kann, wie das manche Politiker immer noch tun, braucht es den Art. 20b GG, denn es lässt sich die Nachhaltigkeit eben nicht so einfach unter dem Label der Sozialen Marktwirtschaft subsumieren.

Im Wesentlichen auf der Basis dieses Rechtsgutachtens veranstaltete der PBnE am 08.06.2016 eine weitere Öffentliche Anhörung zum Generationengerechtigkeitsgesetz. Auch der RNE hat sich in seiner Stellungnahme an die Bundesregierung zur Deutschen Nachhaltigkeitsstrategie für eine Verankerung der Nachhaltigkeit im deutschen Grundgesetz ausgesprochen (RNE 2017, S. 3 f.). Der RNE hält eine grundgesetzliche Richtungsentscheidung für erforderlich.

Am 20.02.2019 hatte die CDU/CSU-Bundestagsfraktion zu einem kleinen Kongress *„Im Sinne der Generationengerechtigkeit: Nachhaltigkeit ins Grundgesetz?"* eingeladen. Die Key Note *„Nachhaltigkeit als Verfassungsprinzip – Ergänzung des Grundgesetzes"* hielt Hans-Jürgen Papier, der ehemalige Präsident des Bundesverfassungsgerichts (2002–2010). Im Ergebnis war sich der Kongress einig, dass das Nachhaltigkeitsprinzip und die Generationengerechtigkeit in einem zusätzlichen Art. 20b GG verankert werden müsse. Im Beschluss *„Nachhaltigkeit, Wachstum, Wohlstand – Die Soziale Marktwirtschaft von morgen"* protokolliert die CDU dementsprechend auf ihrem folgenden (32.) Parteitag im November 2019, dass sie das Prinzip der Nachhaltigkeit zu einen zusätzlichen Staatsziel machen wolle. Es ist davon auszugehen, dass die Frage einer dies betreffenden GG-Ergänzung auch in der aktuellen CDU-Grundsatzprogrammdebatte eine wichtige Rolle spielen wird…

Im HGB ist das Vorsichtsprinzip zum Schutz der Gläubiger inkorporiert. In der internationalen Rechnungslegung (IFRS) obwaltet ein gemildertes Vorsichtsprinzip zum Schutz der (potenziellen) Kapitalanleger. Sowohl der Gläubiger- als auch der Anlegerschutz sind über die Jahrzehnte weiter ausgebaut worden. Etwas Vergleichbares bräuchten wir auch im Hinblick auf den Schutz der natürlichen Lebensgrundlagen und der Bio-Sphäre unseres (endlichen) Planeten. Mit einem neuen Art. 20b GG würde der fundamentale Nachhaltigkeitsgedanke ein für alle Mal aus der politischen Nische heraustreten und zudem den hier intendierten Begriffswandel von der Sozialen zur Nachhaltigen Marktwirtschaft weiter befördern.

Auf der internationalen Ebene gibt es seit ein paar Jahren Bestrebungen, den ‚Ökozid', das ist die langzeitige Beschädigung oder Zerstörung von Ökosystemen (z. B. die bewusste Abholzung des Amazon-Regenwaldes), als internationalen Straftatbestand zu fassen und zu ahnden.[12] Zwölf Länder haben den Ökozid

---

[12] Gemäß des *Independent Expert Panel for the Legal Definition of Ecocide* vom Juni 2021, auf das oft Bezug genommen wird, umfasst das zu schützende Rechtssubjekt die Erde (*earth*) inklusive ihrer Atmosphäre (*atmosphere*) mit zumindest dem erdnahen Weltraum

bereits als Verbrechen innerhalb ihrer Grenzen strafrechtlich kodifiziert. Darüber hinaus gibt es aktuell vermehrt internationale Initiativen, Ökozid als weiteres (5.) Verbrechen in den Römischen Statut des internationalen Strafgerichtshofs (1998, Art. 5, Absatz 1 IStGH) aufzunehmen. Z. B. hat das Belgische Parlament im Dezember 2021 beschlossen, dass Ökozid ein Straftatbestand vor dem Internationalen Strafgerichtshof in Den Haag werden soll, und auch die EU treibt Bemühungen zur Bekämpfung der Umweltkriminalität voran (EP 2023b).

6.5 Ein neuer Begriff

Die Moderne strotzt nur so von Begriffen zur aktuellen Zeitenwende. Meistens gehen die Begriffe der Wirklichkeit voran, indem sie normativ, nicht deskriptiv angelegt sind (Bachmann 2017, S. 147). Heiner Geißler brachte mein Vorhaben einst auf die mich antreibende Formel: *„Neue Gedanken brauchen gelegentlich auch neue Begriffe!"*

Es ist eine der elementarsten Aufgaben der praktischen Politik, neue erweiterte Programmatiken auch mit adäquaten, die Sache konkret und korrekt benennenden neuen Begriffen zu bezeichnen. Von Heiner Geißler hörte man gelegentlich überdies: *„Wer die Begriffe besetzt, besetzt die Köpfe."* Kurzum, man muss die Semantik nutzen, um die großen Themen unserer Zeit beim richtigen Namen zu nennen. Die Politik hat nun einmal die Aufgabe, mit den richtigen Begriffen aufzuwarten.

Als die ‚Mutter' des Nachhaltigen Wirtschaftens gilt in Deutschland Christiane Busch-Lüty (Busch-Lüty 1992, 1995); sie hat bereits 1988 den Arbeitskreis „Nachhaltiges Wirtschaften" im GCN, gegründet. Z. B. setzt sich Dietmar Helmer auf seiner Internetseite seit nunmehr über 15 Jahren (seit 2007) für eine breite Akzeptanz der Nachhaltigen Marktwirtschaft ein (Helmer 2007). In der Programmdebatte 2007 der SPD plädierte Michael Vassiliadis[13] in einem frühen Aufsatz für ein Bekenntnis zu den drei Säulen einer Nachhaltigen Marktwirtschaft; auch in der Folgezeit propagierte er eine Weiterentwicklung der Sozialen Marktwirtschaft zur Nachhaltigen Marktwirtschaft.

(*outer space*). Darüber hinaus wäre zu überlegen, ob sogar der Mond und der Mars, die die Menschheit sich anschickt, zu erschließen und ggf. sogar zu besiedeln, in diese strafbewehrte Schutzregel einzubeziehen wäre; hier gäbe es einen Konnex zum Weltraumrecht (s. auch Vieweg 2019, S. 21 f.).

[13] seit 2009 Vorsitzender der Industriegewerkschaft Bergbau Chemie Energie, zwischenzeitlich zudem Mitglied des Rates für Nachhaltige Entwicklung, Mitglied der Ethikkommission für sichere Energieversorgung und derzeit seit 2020 Mitglied im Nationalen Wasserstoffrat

In den Grundsatzprogramm-Debatten der beiden großen Volksparteien CDU und SPD im Jahr 2007 stand zwar der neue Begriff der Nachhaltigen Marktwirtschaft auf der Agenda, wie es informell hieß, doch konnten sich beide Parteien (noch) nicht dazu durchringen, sich ihn wirklich auf ihre Fahnen zu schreiben; man befürchtete eine allzu große Verunsicherung des Wahlvolks. Nicht zuletzt hat Michael von Hauff im gleichen Jahr ein sehr lesenswertes Buch über die Zukunftsfähigkeit der Sozialen Marktwirtschaft herausgegeben. In seinem eigenen Beitrag *„Von der Sozialen zur Nachhaltigen Marktwirtschaft"* sprach er sich für eine Entwicklung im nämlichen Sinne aus. Er schrieb damals (v. Hauff 2007, S. 387):

> „Das Leitbild der Nachhaltigen Entwicklung und die Soziale Marktwirtschaft stehen in Deutschland bisher noch weitgehend unverbunden nebeneinander. Dabei besteht in Politik, parteiübergreifend, und Wirtschaft aber auch in vielen gesellschaftlichen Institutionen, wie z. B. den Kirchen, im Prinzip ein breiter Konsens, dass es sich bei dem Leitbild Nachhaltiger Entwicklung um ein zukunftsorientiertes Leitbild handelt. Daher ist in Deutschland in Zukunft eine Entwicklung von der Sozialen zur Nachhaltigen Marktwirtschaft zu erwarten."

Bemerkenswert war, dass die CDU in ihrem auf dem 25. Bundesparteitag Anfang Dezember 2012 verabschiedeten Leitantrag erstmals offiziell die Wortkombination ‚nachhaltige Marktwirtschaft' verwendete und an anderer Stelle schrieb, *„dass die Antwort auf diese Herausforderungen in einer verantwortungsvollen Weiterentwicklung der Sozialen Marktwirtschaft liegt."* Da kann man eine gewisse Öffnung der Sozialen Marktwirtschaft in die richtige Richtung heraus- bzw. hineinlesen. Im Beschluss *„Wirtschaft für den Menschen – Soziale Marktwirtschaft im 21. Jahrhundert"* zum 31. CDU-Parteitag Anfang Dezember 2018 liest man (S. 12): *„Soziale Marktwirtschaft kann nur erfolgreich sein, wenn sie nachhaltig ist. Die nachhaltige und ökologische Marktwirtschaft ist die Soziale Marktwirtschaft des 21. Jahrhunderts."* Der der CDU nahestehende KlimaUnion e. V. überschrieb ein Hintergrundpapier zu seinen Gründungsgedanken vom 08.04.2021, es sei Zeit für die nachhaltige Marktwirtschaft und den Klimawohlstand von Morgen; im August 2021 avancierte die KU zu einem Teil des KlimaTeams der CDU.

Marlehn Thieme[14] hat es 2014 wie folgt formuliert: *„Was für Ludwig Erhard einst die soziale Marktwirtschaft war, muss für uns heute die nachhaltige Entwicklung sein!"* (Thieme 2014). Obwohl inhaltlich grundsätzlich breiter Konsens

---

[14] von 2005-2020 Mitglied des RNE, Vorsitzende von 2015 bis 2019, viele Jahre Beraterin der Bundesregierung in Sachen Nachhaltigkeit und seit 2018 Präsidentin der Welthungerhilfe.

| Soziale Marktwirtschaft | Diverse Begriffe, die alle das Gleiche meinen… | Nachhaltige Marktwirtschaft |

- ökologische Marktwirtschaft
- ökologische und soziale Marktwirtschaft
- soziale und ökologische Marktwirtschaft
- ökologisch-soziale Marktwirtschaft
- öko-soziale Marktwirtschaft (mit oder ohne Bindestrich)
- sozial-ökologische Marktwirtschaft
- nachhaltige und ökologische Marktwirtschaft
- Nachhaltige Ökonomik
- Bioökonomie
- humane Marktwirtschaft
- grüne Marktwirtschaft (*Green Economy*)
- *Blue Economy*

Abb. 6.3   Begriffe von der Sozialen zur Nachhaltigen Marktwirtschaft

besteht, tummeln sich, wie die voranstehende Aufstellung in Abb. 6.3 zeigt, eine Vielzahl von neuen Bezeichnungen für unser deutsches Wirtschaft- und Gesellschaftsmodell in der politischen, wirtschaftlichen und medialen Öffentlichkeit:

Alle Begriffe meinen dasselbe, aber sie sind unvollständig oder geben nicht wirklich den entscheidenden Aspekt wieder, nämlich: Die Balance zwischen Ökonomie, Sozialem und dem Ökologischen. Die irenische Balance, auf die es entscheidend ankommt, und damit die Befriedung des herrschenden Bezeichnungswirrwarrs kann nur unter der expliziten Nennung des Leitprinzips der Nachhaltigkeit erfolgen. „Nachhaltige Marktwirtschaft" adressiert explizit das fundamentale Leitprinzip, drückt die herzustellende Balance aus, ist sprachlich kompakt… und hat mithin das Zeug, zu einer ähnlich erfolgreichen, politischen Dachmarke zu avancieren, wie es einst die Soziale Marktwirtschaft geworden war.

Wir müssen/können es/uns ändern!   7

- Wir müssen es ändern. Und wir können es ändern.
- Wir müssen uns ändern. Und wir können uns ändern.

Müller-Armack verweist selbst darauf, dass er seit 1959 eine Reihe von Denk-schriften veröffentlicht habe, welche die Aufgabe der Sozialen Marktwirtschaft in einer – wie er es damals nannte – „zweiten Phase der Sozialen Marktwirtschaft" zeigte in dem Sinne, dass nach dem ersten Wiederaufbau, nach der Sicherstellung der Grundversorgung der Bevölkerung mit Gütern und sozialem Schutz nunmehr allgemeine gesellschaftspolitische Ziele neben die bisherigen zu treten hätten. Diese Ziele seien in ihren Schwerpunkten die Bildungspolitik, die Vermögens-bildung, der *Umweltschutz*, die Siedlungspolitik und der Städtebau und damit wohl die gleichen, die gegenwärtig unter dem anspruchsvollen Titel der Verbes-serung der Lebensqualität propagiert werden (Müller-Armack 1974, S. 15). Wäre damals bereits der Begriff der Nachhaltigkeit verbreiteter gewesen, dann hätte sich Müller-Armack, behaupte ich, auch dazu verhalten. Und er hätte als maß-geblicher *spiritus rector* der Sozialen Marktwirtschaft (wahrscheinlich) selbst die geistige und terminologische Rampe zur Nachhaltigen Marktwirtschaft gebaut.

Wir sind in einer Transition von einer vor-nachhaltigen zu einer nachhaltigen Welt. Diese in Gang gekommene Bewegung gilt heute bereits als unumkehr-bar. Vieles ist angedacht, einiges bereits eingeleitet, aber der noch zu gehende Weg ist lang. Die Menschen müssen diesen Weg gehen, ansonsten wird das sich abzeichnende existenzielle Problem zunehmend immer realer und immer größer.

Die Soziale Marktwirtschaft gibt seit Jahrzehnten die politische, wirtschaft-liche und gesellschaftliche Wirklichkeit gar nicht mehr zutreffend wieder. Die

W. Vieweg, *Nachhaltige Marktwirtschaft*, essentials,
https://doi.org/10.1007/978-3-658-44648-2_7

Wirtschaft, die Gesellschaft und selbst die Politik haben in den letzten Jahrzehnten einen großen Entwicklungsschritt nach vorne getan, lediglich die Begrifflichkeit ist dem nicht gefolgt. Aber die Zeit ist inzwischen – wie aufgezeigt – mehr als reif, auch die Bezeichnung unseres Wirtschafts- und Gesellschaftsmodells der weltweiten aktuellen Entwicklung nachzuführen. Der neue Begriff der Nachhaltigen Marktwirtschaft wird niemanden verunsichern. Natürlich wird man den neuen Begriff den Menschen da und dort erklären müssen. Aber das ist doch eine der vornehmsten Aufgaben der Politik überhaupt, zukunftsträchtige Programme zu erarbeiten und diese den Menschen überzeugend nahezubringen. Der Begriff der Nachhaltigen Marktwirtschaft hat Leuchtturmfunktion. Er wird den Gedanken der Nachhaltigkeit vermehrt in den Alltag der Menschen transportieren und damit die Transformation zu einer nachhaltigen Welt in großer Breite fördern. Und das ist der Punkt, denn nachhaltige Verhältnisse auf dieser Welt brauchen Menschen, die nachhaltig leben. Nicht nur die Wirtschaft, nicht nur die Politik und die Wissenschaft müssen in die nachhaltige Welt mitgenommen werden, sondern alle Menschen: Sie und ich. Gerade der Zivilgesellschaft, und damit jedem Einzelnen, kommt bei dieser Transition eine diesen fundamentalen Prozess tragende Rolle zu.

Die nachhaltige Welt ist eine bessere Welt, in der die Menschen nicht gegen ihre Natur leben, sondern im Einklang mit ihr. Es ist eine Welt, in der die Menschen besser verstehen, was es heißt, auf dieser Erde leben zu dürfen. Es ist eine Welt mit mehr gegenseitigem Verstehen, eine insgesamt gerechtere, achtsamere Welt (Federbusch 2015) und sehr wahrscheinlich auch eine Welt mit mehr Frieden und weniger Terror, als dies heute der Fall ist. Den Menschen muss und kann man nicht das Paradies auf Erden versprechen, denn auch die Zukunft muss erarbeitet werden, aber dies solidarisch in einer großen Kooperation und nicht in einem alles kaputtmachenden Wettbewerb. Nachhaltigkeit präferiert eine kooperationsorientierte Marktwirtschaft, die sich zudem ihrer globalen und intertemporalen Gesamtverantwortung bewusst ist. Nachhaltigkeit ist eben genau das Gegenteil von einem Existenzkampf „jeder gegen jeden".

Wenn die Menschen zu dieser neuen Kultur der Nachhaltigkeit finden, dann gewinnen wir alle. Wenn das nicht gelingt, gibt es nur Verlierer. Zu einer nachhaltigen Welt kann jeder nach seinen Möglichkeiten und Neigungen beitragen. Dazu müssen die Menschen das Prinzip der Nachhaltigkeit allerdings erst einmal verstehen und dazu braucht es die richtigen Überschriften und eine starke, in diese Richtung weisende Kommunikation (vgl. RNE 2018, S. 59 f.).

Heftige, deliberative Auseinandersetzungen über den *richtigen* Weg sind im Sinne einer demokratischen Herangehensweise absolut zulässig, sogar erwünscht. Solange debattiert und argumentiert wird, wird (noch) nicht auf der Realebene

Abb. 7.1 Nachhaltige
Marktwirtschaft

um die Ressourcen oder Verschmutzungsrechte gekämpft. Kämpfe wären unter dem Nachhaltigkeitsprinzip ohnedies kontraproduktiv. Zusammenhalt, Zuversicht, einen Neues wagenden Optimismus, Technologieoffenheit: Das Prinzip Hoffnung müssen wir uns erhalten. Allerdings ist auch der Faktor Zeit zu beachten. Die Zeit verrinnt. Es drohen Kipppunkte. Es müssen – möglichst bald – im globalen Konsens entscheidende Weichen gestellt werden. Man muss sich festlegen – rechtsrum oder linksrum –, nicht auf alle Ewigkeit, aber man sollte bestimmte Optionen präferieren und diese zunächst real und fokussiert verfolgen. *Die* Lösung, *den* Weg schlechthin, wird es sowieso nicht geben, aber man sollte optional vorangehen, ohne sich andere wertvolle Optionen für immer zu verbauen.

Fürwahr, wir stehen an einer *Zeitenwende*. Die Menschen sind auf dem (langen) Weg in eine neue Zukunft. Auf diesem Weg kann man aber nicht mit den alten, überkommenen Begriffen hantieren. Wir müssen uns von alten Begriffen freimachen und Begriffe und eine Sprache kreieren, die adäquater das anvisierte zukünftige Konzept bezeichnen. **Nachhaltige Marktwirtschaft** (s. Abb. 7.1) ist der adäquate Begriff. Die Soziale Marktwirtschaft des 21. Jahrhunderts ist die **Nachhaltige Marktwirtschaft**.

Die **Nachhaltige Marktwirtschaft** ist ein mächtiges politisches Signal vor allem für junge Menschen, die noch viel Zukunft vor sich haben.

Das Ozon-Loch ist ein erfolgreiches und inzwischen gerne zitiertes Beispiel… und die im Bundestagswahlkampf 2013 parteipolitisch hochgejazzte Empörung über den *Veggie-Day* wird in einer Kultur der Nachhaltigen Marktwirtschaft lächerlich. Nicht nur „*Wir müssen es ändern!*", sondern wir können uns auch ändern, ist sich Felix Ekardt ganz sicher (Ekardt 2017). Dem schließe ich mich an. Mein Anliegen bestand nicht darin, die Marktwirtschaft *reparieren* (Richters und Siemoneit 2019) zu wollen – da gibt es sicher auch noch die eine oder andere

durchaus lohnenswerte Baustelle –, sondern ich möchte lediglich für einen Über-
gang von der Sozialen zu einer Nachhaltigen Marktwirtschaft werben. Ich meine,
das ist gleichwohl ein nicht geringer Anspruch.

Das Leitprinzip der Nachhaltigkeit präferiert eine kooperationsorientierte[1]
Marktwirtschaft, die die natürlichen Ressourcen und die Böden nicht übernutzt,
die die Artenvielfalt (CITES, WA 1973, IPBES 2019, Schwägerl und Müller-
Jung 2019)[2] erhält, die mit ihren Emissionen und Abfällen die biologischen und
geologischen Senken nicht überfordert, die den Menschen dauerhaft eine hohe
Lebensqualität in sozialer Gerechtigkeit und sozialem Zusammenhalt sichert und
die sich zudem ihrer globalen Gesamtverantwortung (ethisch) bewusst ist.

Die **Nachhaltige Marktwirtschaft** ist eine Wirtschaft für den Menschen. Sie
bringt die Ökologie, das Soziale und das Ökonomische zu einer ‚irenischen'
Balance.

---

[1] … statt einer ‚konkurrenzorientierten' Marktwirtschaft. Konkurrenz ist nur im Hinblick auf
eine möglichst hohe Stoff- und Zweckeffizienz angebracht, nicht bezogen auf die Rendite.
Man sollte durchaus wetteifern bezüglich der cleversten nachhaltig(st)en Lösungen…

[2] Lt. IPBES-Report 2019 drohen in den nächsten Jahrzehnten bis zu 1 Mio. Pflanzen- und
Tierarten zu verschwinden.

Was Sie aus diesem *essential* mitnehmen können

- Das *essential* arbeitet die Notwendigkeit heraus, weshalb die Soziale Marktwirtschaft im 21. Jahrhundert zu einer Nachhaltigen Marktwirtschaft zu erweitern ist.
- Die Wirtschaftspolitik, insbesondere die Industriepolitik darf nicht in der zu eng gewordenen Denkwelt der Sozialen Marktwirtschaft verharren, sondern muss das Leitprinzip der Nachhaltigkeit voll integriert und pro-aktiv in ihr Grundkonzept aufnehmen.
- Eigentlich herrscht Konsens zu einer Nachhaltigen Marktwirtschaft, allein es mangelt noch an politischem Mut, sich von den überkommenen Begriffen zu verabschieden und die Nachhaltige Marktwirtschaft zu einer neuen erweiterten politischen Dachmarke zu entwickeln. Aber die neue Begrifflichkeit ist unumgänglich… sie liegt längst in der Luft.

Literatur

ARC (2017). *Alliance of religions and conservation – History.* http://www.arcworld.org/about.asp?pageID=2. Zugegriffen: 2. März 2019.

Bachmann, G. (2017). *Zukunftstore. Einige Beobachtungen zur Praxis utopischer Nachhaltigkeitspolitik.* In: H. Welzer, Harald (Hrsg.). Die nachhaltige Republik. Umrisse einer anderen Moderne (S. 140–156). Frankfurt am Main: Fischer Verlag.

BMUV Bundesministerium für Umwelt, Naturschutz, nukleare Sicherheit und Verbraucherschutz (2022). *Zukunft? Jugend fragen! – 2021 Umwelt, Klima, Wandel – was junge Menschen erwarten und wie sie sich engagieren.* https://www.bmuv.de/fileadmin/Daten_BMU/Pools/Broschueren/zukunft_jugend_fragen_2021_bf.pdf (Februar 2022). Zugegriffen: 2. Oktober 2023.

Boyd, D. R. (2012). *The environmental rights revolution: A global study of constitutions, human rights, and the environment.* Vancouver: UBC Press.

Brunnhuber, S. (2016). *Die Kunst der Transformation. Wie wir lernen, die Welt zu verändern.* Freiburg im Breisgau: Herder.

Busch-Lüty, C. (1992). *Nachhaltigkeit als Leitbild des Wirtschaftens. Politische Ökologie.* Sonderheft 4, S. 6–12.

Busch-Lüty, C. (1995). *Welche politische Kultur braucht nachhaltiges Wirtschaften? „Vater Staat" in der Umweltverträglichkeitsprüfung.* In H.-P. Dürr & F. T. Gottwald (Hrsg.) (1995), *Umweltverträgliches Wirtschaften. Denkanstöße und Strategien für eine ökologisch nachhaltige Zukunftsgestaltung.* (S. 177–200). Münster: agenda.

Calliess, C. (2008). *Zum Generationgerechtigkeitsgesetz.* Stellungnahme PBnE. Berlin. https://webarchiv.bundestag.de/archive/2010/0203/bundestag/ausschuesse/gremien/beirat_nachhaltigkeit/anhoerungen/33_sitz/calliess.pdf (15.10.2008). Zugegriffen: 2. Oktober 2023.

Carlowitz, H. C. v. (1713). *Sylvicultura oeconomica.* Leipzig: Braun. Transkription: Carlowitz, H. C. v. (2013). Sylvicultura oeconomica. Transkription in das Deutsch der Gegenwart (von. H. Thomasius & B. Bendix). Remagen: Norbert Kessel.

CDU (15. Juli 1949). *Düsseldorfer Leitsätze über Wirtschaftspolitik, Landwirtschaftspolitik, Sozialpolitik, Wohnungsbau.*

Deutsche Bundesregierung. (2021). *Deutsche Nachhaltigkeitsstrategie. Weiterentwicklung 2021.* (Stand: 15.12. 2020, Kabinettsbeschluss 10.03.2021).

© Der/die Herausgeber bzw. der/die Autor(en), exklusiv lizenziert an Springer Fachmedien Wiesbaden GmbH, ein Teil von Springer Nature 2024
W. Vieweg, *Nachhaltige Marktwirtschaft*, essentials,
https://doi.org/10.1007/978-3-658-44648-2

Deutscher Bundestag (2006). *Entwurf eines Generationengerechtigkeitsgesetzes.* Drs. 16/3399 (09.11.2006) und (DIE LINKE) BT-Drs. 16/6599 (10.10.2007).

Deutscher Bundestag. (2007). Plenarprotokoll 16/118 (11. 10. 2007), TOP 9a/9b, S. 12236–12250.

Ekardt, F. (2017). *Wir können uns ändern. Gesellschaftlicher Wandel jenseits von Kapitalismuskritik und Revolution.* München: oekom.

Erhard, L. (1957). *Wohlstand für Alle.* Düsseldorf: Econ.

Ernst, D., & Sailer, U. (Hrsg.). (2013). *Nachhaltige Betriebswirtschaftslehre.* Konstanz: UVK.

EC Europäische Kommission. (2001). *Über das auf das Öffentliche Auftragswesen anwendbare Gemeinschaftsrecht und die Möglichkeiten zur Berücksichtigung von Umweltbelangen bei der Vergabe öffentlicher Aufträge.* KOM(2001) 264 endg. Brüssel. (04.07.2001).

EC Europäische Kommission. (2009). *Förderung einer nachhaltigen Entwicklung durch die EU-Politik: Überprüfung der EU-Strategie für nachhaltige Entwicklung.* KOM(2009) 400 endg. Brüssel. (24.07.2009).

EC Europäische Kommission. (2010). *EUROPA 2020 – Eine Strategie für intelligentes, nachhaltiges und integratives Wachstum.* COM(2010) 2020 endg. Brüssel. (03.03.2010).

EC Europäische Kommission. (2016). *Auf dem Weg in eine nachhaltige Zukunft. Europäische Nachhaltigkeitspolitik.* COM(2016) 739 final. Straßburg. (22.11.2016).

EC Europäische Kommission. (2018a). *Eine europäische Strategie für Kunststoffe in der Kreislaufwirtschaft.* COM(2018) 28 final. Brüssel (16.01.2018).

EC Europäische Kommission. (2018b). *Pressemitteilung. Einwegkunststoffprodukte: neue EU-Vorschriften zur Verringerung der Meeresabfälle.* Auch COM(2018) 340. final. Brüssel. (28.05.2018).

Europäischer Rat. (2006). *Review of the EU Sustainable Development Strategy (EU SDS) – Renewed Strategy,* DOC 10917/06. Brüssel. (26.06.2006).

EU Europäische Union. (2012). *Vertrag über die Europäische Union* (konsolidierte Fassung), Amtsblatt der Europäischen Union C 326/13 vom 26. 10. 2012, in Kraft seit 01.01.1993.

Eurostat. (24. Mai 2023). *Eurostat-Bericht über Fortschritte der EU bei den Nachhaltigkeitszielen.* https://ec.europa.eu/commission/presscorner/detail/de/ip_23_2887. Zugegriffen: 2. Oktober 2023.

Federbusch, S. (2015). *Nachhaltig wirtschaften – gerecht teilen. Franziskanische Akzente.* Würzburg: Echter.

Franziskus (2015). *Enzyklika Laudato si'. Über die Sorge für das gemeinsame Haus.*

Georgescu-Roegen, N. (1971). *The Entropy Law and the Economic Process.* Cambridge MA: Harvard University Press.

Georgescu-Roegen, N. (1987). *The Entropy Law and the Economic Process in Retrospect.* In Schriftenreihe des IÖW 5/87. Deutsche Erstübersetzung.

Grober, U. (2010). *Die Entwicklung der Nachhaltigkeit. Kulturgeschichte eines Begriffs.* München: Kunstmann.

Hauff, M. v. (2007). *Von der Sozialen zur Nachhaltigen Marktwirtschaft.* In M. v Hauff (Hrsg.), *Die Zukunftsfähigkeit der Sozialen Marktwirtschaft* (S. 349–392). Marburg: Metropolis.

Helmer, D. (2007). *Nachhaltige Marktwirtschaft.* https://www.nachhaltige-marktwirtschaft. info. Zugegriffen: 2. Oktober 2023.

IPBES-Report (6. Mai. 2019). *Summary for policymakers of the global assessment report on biodiversity and ecosystem services.* Zugegriffen: 2. Oktober 2023.

Jackson, T. (2011). *Wohlstand ohne Wachstum. Leben und Wirtschaften in einer endlichen Welt.* (2. Aufl.). München: Oekom. (Original 2009).

Jakl, T. (2016). *Entropie – ein Indikator für Nachhaltigkeit.* In M. Sietz (Hrsg.), *Wärmefußabdrücke und Energieeffizienz. Nachhaltigkeit messbar machen.* (S. 1–8). Berlin Heidelberg: Springer Spektrum.

Klöckner, J. (2015). Leitung der Kommission *„Nachhaltig leben – Lebensqualität bewahren".* Abschlussbericht. Berlin: CDU Deutschland.

Kuczynski, J. (1982). *Geschichte des Alltags des Deutschen Volkes 1600–1945* (2. Aufl., Bd. 3, Studien 3, 1810–1870). Köln: Pahl-Rugenstein.

Loske, R. (2015). *Politik der Zukunftsfähigkeit. Konturen einer Nachhaltigkeitswende.* Frankfurt a. M.: S. Fischer.

Meadows, D., & Meadows, D., & Zahn, E., & Milling, P. (1972). *Die Grenzen des Wachstums. Bericht des Club of Rome zur Lage der Menschheit.* Stuttgart: Deutsche Verlags-Anstalt.

Misereor. (2016). *Anstiftung zur Rettung der Welt. Ein Jahr Enzyklika Laudato si'.* (Juni 2016). https://www.misereor.de/fileadmin/publikationen/bausteine-zur-enzyklika-laudato-si.pdf. Zugegriffen: 2. Oktober 2023.

Müller-Armack, A. (1950): *Soziale Irenik.* In: Stützel, W., Watrin, C., Willgerodt, H., & Hohmann, K. (Hrsg.). (1981). *Grundtexte zur Sozialen Marktwirtschaft.* Stuttgart New York: Fischer, Seiten 417–432.

Müller-Armack, A. (1969). *Der Moralist und der Ökonom. Zur Frage der Humanisierung der Wirtschaft.* In A. Müller-Armack (1981), *Genealogie der Sozialen Marktwirtschaft.* (S. 123–140). Bern: P. Haupt.

Müller-Armack, A. (1974). *Zur Einführung: Zeitgeschichtliche Notizen* (S. 11–18). In A. Müller-Armack (1981): Genealogie der Sozialen Marktwirtschaft. Frühschriften und weiterführende Konzepte, 2. Auflage, Bern Stuttgart: P. Haupt (Erstausgabe Juli 1974).

Müller-Armack, A. (1990). *Wirtschaftslenkung und Marktwirtschaft.* Erstveröffentlichung 1946, vorliegend Sonderausgabe München 1990: Kastell.

OECD-Studie. (28. Mai 2023). *Wirtschaftsbericht 2023 für Deutschland fordert mehr Tempo beim Klimaschutz.* https://www.bmwk.de/Redaktion/DE/Infografiken/Schlaglichter-der-Wirtschaftspolitik/2023/06/04-oecd-wirtschaftsbericht-2023.pdf?__blob=publicationFile&v=4aschutz. Zugegriffen: 2. Oktober 2023.

Paech, N. (2015). *Befreiung vom Überfluss. Auf dem Weg in die Postwachstumsökonomie.* 8. Auflage, München: oekom (1. Auflage 2012).

Pauli, G. (2010). *Neues Wachstum. Wenn grüne Ideen nachhaltig „blau" werden. Die ZERI Methode als Startpunkt einer Blue Economy.* Berlin: Konvergenta Publishing. Originaltitel: Upcycling (1999).

Plickert, P (16. Februar 2019). *Grüne, Klimaschützer und Vielflieger.* FAZ, 22.

Richters, O., & Siemoneit, A. (2019). *Marktwirtschaft reparieren. Entwurf einer freiheitlichen, gerechten und nachhaltigen Utopie.* München: oekom.

Raffelhüschen, B. (2008). *Stellungnahme des Forschungszentrums Generationenverträge zur Anhörung beim PBnE des BT.* Freiburg. https://webarchiv.bundestag.de/archive/2010/0203/bundestag/ausschuesse/gremien/beirat_nachhaltigkeit/anhoerungen/33_sitz/raffelhueschen.pdf (15.10.2008). Zugegriffen: 2. Oktober 2023.

Reheis, F. (2019). *Die Resonanzstrategie. Warum wir Nachhaltigkeit neu denken müssen.* München: oekom.

RNE. (2017). *Stellungnahme des RNE an die Bundesregierung zur Deutschen Nachhaltigkeitsstrategie 2016* (27.3.2017).

RNE. (2018). *Peer Review 2018 zur Deutschen Nachhaltigkeitsstrategie.* Bericht der Peer-Review-Gruppe unter dem Vorsitz von Helen Clark. Berlin, Mai 2018, S. 43–86. https://www.nachhaltigkeitsrat.de/wp-content/uploads/2018/05/2018_Peer_Review_of_German_Sustainability_Strategy_BITV.pdf. Zugegriffen: 2. März 2019.

Rockström, J. et al. (2009). *Planetary boundaries: Exploring the safe operating space for humanity.* Langfassung, Ecology and Society. In Press 14th September. http://www.stockholmresilience.org/download/18.1fe8f33123572b59ab800012568/pb_longversion_170909.pdf. Zugegriffen: 2. Oktober 2023.

Schubert, J. (1988). *Das Prinzip Verantwortung als verfassungsstaatliches Rechtsprinzip. Rechtsphilosophische und verfassungsrechtliche Betrachtungen zur Verantwortungsethik von Hans Jonas.* Diss. Baden Baden: Nomos.

Schwägerl, C. & Müller-Jung, J. (8. Mai 2019). *Auswege. FAZ,* N1.

Sietz, M. (2016). *Definition von Wärmefußabdrücken als Instrument messbarer Energieeffizienz und deren Bedeutung in Bezug auf den Klimawandel.* In: M. Sietz (Hrsg.), *Wärmefußabdrücke und Energieeffizienz. Nachhaltigkeit messbar machen.* (S. 9–22). Berlin Heidelberg: Springer Spektrum.

Simon, F. B. (2009). *Einführung in die systemische Organisationstheorie* (2. Aufl.). Heidelberg: Carl Auer.

Sommer, B. & Welzer, H. (2017). *Transformationsdesign. Wege in eine zukunftsfähige Moderne.* München: oekom.

Thieme, M. (04. Juni 2014). Über gelebte Verantwortung. Politik braucht mehr Mut zur Nachhaltigkeit. Forum Nachhaltiges Wirtschaften Online.

Tremmel, J. (2008). Thema: *Generationengerechtigkeitsgesetz.* Stellungnahme PBnE. Oberursel. https://webarchiv.bundestag.de/archive/2010/0203/bundestag/ausschuesse/gremien/beirat_nachhaltigkeit/anhoerungen/33_sitz/tremmel.pdf (15. 10.2008). Zugegriffen am 2. Oktober 2023.

United Nations. (1987a). *Report of the WCED World Commission on Environment and Development. Brundtland-Report.* UN-Doc. A/42/427 (04.08.1987).

United Nations. (1987b). *Resolution on Report of the WCED.* UN-Doc. A/Res/42/187 (11.12.1987).

United Nations. (2015). *The MDGs millennium development goals report 2015.*

United Nations. (2016). Division for sustainable development, department of economic and social affairs. Sustainable development, knowledge platform: SDGs.

Vieweg, W. (2019). *Nachhaltige Marktwirtschaft. Eine Erweiterung der Sozialen Marktwirtschaft* (2. Aufl.). Wiesbaden: Springer Gabler.

Wackernagel, M. (2007). *The Ecological Footprint.* Global Oneness Project. Interview veröffentlicht am 18.10.2007. https://www.youtube.com/watch?v=94tYMWz_Ia4. Zugegriffen: 2. Oktober 2023.

Wellensiek, S. K., & Galuska, J. (2014). *Resilienz. Kompetenz der Zukunft. Balance halten zwischen Leistung und Gesundheit.* Weinheim: Beltz.

Welzer, H. (2017). *Die nachhaltige Republik. Eine reale Utopie.* In: H. Welzer (Hrsg.). (2017): *Die nachhaltige Republik. Umrisse einer anderen Moderne* (S. 9–27). Frankfurt am Main: Fischer Verlag.

Wieland, J. (03. Juni 2016). *Verfassungsrang für Nachhaltigkeit.* Rechtsgutachten. Speyer.

Wolf, B., Sureth-Sloane, C., Weißenberger, B. (17. 12. 2018). *BWL greift gesellschaftlichen Wandel auf. FAZ,* 16.

Deutsche Bundesregierung. (2022). *Grundsatzbeschluss 2022 zur Deutschen Nachhaltigkeitsstrategie.* BT-Drs. 20/4810 vom 30. 11. 2022, insb. S. 8 f. Transformationsteams, S. 16 Nachhaltigkeitsgovernance und S. 19 Nachhaltiges Wirtschaften stärken.

EU Europäische Union. (2019). *Richtlinie 2019/904 vom 5. Juni 2019 über die Verringerung der Auswirkungen bestimmter Kunststoffprodukte auf die Umwelt.*

Bethke, M. (2023). *Nachhaltiges Wirtschaften als Erfolgsfaktor: Herausforderungen, Strategien und Best Practices für ein zukunftsfähiges Unternehmen.* Wiesbaden: Springer essential.

CDU (2018). 31. Bundesparteitag. Beschluss: *Wirtschaft für den Menschen – Soziale Marktwirtschaft im 21. Jahrhundert,* S. 12. (8. 12. 2018).

CDU (2019). 32. Bundesparteitag. Beschluss: *Nachhaltigkeit, Wachstum, Wohlstand – die Soziale Marktwirtschaft von morgen.* S. 1 f. (23.11.2019).

Europäisches Parlament (2022). Pressemitteilung. *Taxonomie: Keine Einwände gegen Einstufung von Gas und Atomkraft als nachhaltig.* https://www.europarl.europa.eu/news/de/press-room/20220701IPR34365/taxonomie-keine-einwande-gegen-einstufung-von-gas-und-atomkraft-als-nachhaltig. Zugriff: 2. Oktober 2023.

Europäischer Rat (2023). Pressemitteilung. *„Fit for 55".* https://www.consilium.europa.eu/de/policies/green-deal/fit-for-55-the-eu-plan-for-a-green-transition/. Zugriff: 2. Oktober 2023.

Bundesministerium für Ernährung und Landwirtschaft (2022). *Deutschland, wie es isst – Der BMEL-Ernährungsreport 2023,* insb. S. 24 und 29.

Deutsche Bundesregierung (2023). *Fortschreibung der Nationalen Wasserstoffstrategie 2023.* (26. 7. 2023).

EC Europäische Kommission (2023). *Europäischer Grüner Deal.* https://commission.europa.eu/strategy-and-policy/priorities-2019-2024/european-green-deal_de.

EC Europäische Kommission (2023). *A Green Deal Industrial Plan for the Net Zero Age.* COM(2023) 62 final. Brüssel (1. 2. 2023).

Expertenrat für Klimafragen (2023). *Stellungnahme des ERK zum Entwurf des Klimaschutzplans 2023.* (22. 8. 2023).

Deutscher Bundestag (2023). *Gesetzentwurf über ein Zweites Gesetz zur Änderung des Bundes-Klimaschutzgesetzes.* BT-Drs. 20/8290. (11.09.2023).

EP Europäisches Parlament (2023b). *Bericht über den strafrechtlichen Schutz der Umwelt…* Dok. A9-0087/2023 vom 28.3.2023. https://www.europarl.europa.eu/doceo/document/A-9-2023-0087_DE.pdf. Zugriff: 2. 10. 2023.

Deutsche Bundesrgierung (2020). *Nationale Wasserstoffstrategie.*

EP Europäisches Parlament (2023a). *Richtlinie zur Stärkung der Verbraucher für den ökologischen Wandel.* 2022/0092 (COD).

DESTATIS (2023) Statistisches Bundesamt. *Nachhaltige Entwicklung in Deutschland – Indikatorenbericht 2022.*

Printed in the United States
by Baker & Taylor Publisher Services